KB145924

산은
사람을
기른다

常寂光土 1

산은 사람을 기른다
순례와 명상—백두대간 편

글 · 윤제학
사진 · 손재식
펴낸이 · 김인현
펴낸곳 · 도서출판 도피안사

2003년 2월 18일 1판 1쇄 발행
2003년 8월 18일 2판 1쇄 발행

책임편집 · 이상옥
북디자인 · 안지미
영업 · 법해 김대현
관리 · 혜관 박성근
인쇄 및 제본 · 동양인쇄(주)

등록 · 2000년 8월 19일(제19-52호)
주소 · 경기도 안성시 죽산면 용설리 1178-1
전화 · 031-676-8700
팩시밀리 · 031-676-8704
E-mail · dopiansa@kornet.net

ISBN 89-90562-01-5 04980

常寂光土 1

산은 사람을 기른다

순례와 명상 — 백두대간 편

글 · 윤제학 사진 · 손재식

들머리

백두대간에
말 걸기

1999년 5월 31일, 지리산 천왕봉에 올랐습니다. 그리고 2001년 9월 10일, 남녘 백두대간의 마지막 고개인 진부령을 지나 금강산의 남쪽 봉우리인 향로봉에서 발길을 거두었습니다. 그리 쉬운 길은 아니었습니다. 진달래가 세 번 피고 졌고, 겨울을 두 번이나 만났습니다. 꽃그늘에 누워 봄꿈에 잠기는 나른한 행복감을 맛보기도 했고, 반나절이면 될 거리를 2~3일 동안이나 헤매며 눈길을 헤치기도 했습니다.

어떻게 하면 백두대간의 진면모를 보여드릴 수 있을까 하는 생각에 꽤나 안간힘을 썼습니다. 하지만 만족감은커녕 매번 낭패감을 맛보았습니다. 알량한 붓끝으로 담아내기엔 백두대간은 너무 크고 깊었고, 무시로 만나게 되는 우리 산천의 아름다움은 결코 서푼어치 글에 걸려들 성질의 것이 아니었습니다. 그래서 때론 개인적인 느낌을 거칠게 드러내기도 했고, 찰나의 감정을 보편의 차원으로 말하는 '내 논에 물대기' 식 억지를 쓰기도 했습니다.

또 고백하건대, 산행 동안의 지배적인 감정은 '춥고, 덥고, 배고프고, 다리 아프고' 하는 따위의 원초적인 것들이었습니다. 하지만, 굽이쳐 흐르는 산줄기를 한눈에 담는 순간이나, 발 아래 저편을 가늠하기 힘든 아득함으로 벌려놓는 운해를 만났을 때, 혹은 밤길을 걷다가 무심결에 산마루에 누워 쏟아질 듯한 별무리를 만났을 때의 충만감은 무엇과도 바꿀 수 없는 소중한 감정이었고 저는 그 감정에 충실하려 애썼습니다. 만약 이러한 제 감정의 표현이 과장으로 비쳤다면, 이는 아마 저의 기억 소자가 행복감 쪽으로 기민하게 반응하는 탓일 겁니다. 어떤 때는 무언가를 전해야 한다는 의무감이 등에 진 배낭보다 더 무겁게 저를 짓누르기도 했습니다. 그렇지만 그것이 저로 하여금 더 많은 것을 보고 느끼게 만들었고, 가끔은 눈에 보이지 않는 세계에 대해서도 말문을 열게 해주었습니다. 그런 점에서 저는 이 글을 읽는 사람들과 함께 산행을 한 셈입니다.

또한 밝혀 둘 것은 이 글을 쓴 이후 더러 바뀐 사실이 있다는 점입니다. 대관령이나 죽령에 터널이 뚫림으로써 고개로서의 구실을 잃어버린 것이 대표적인 예입니다. 하지만 이 글을 쓸 때의 느낌이나 현장감을 살리는 것이 더 좋겠다는 생각에서 깁고 보태지 않았습니다. 사실 이 글은 백두대간의 이론적 해명을 위해 쓴 것이 아닙니다. 백두대간을 매개로 우리의 땅과 자연에 말을 걸고 싶었고 그 말을 곁에서 듣는 이가 있다면 공감할 수 있기를 희망했습니다. 더욱이 「현대불교」 신문에 먼저 연재를 했기 때문에 독자들과 호흡을 같이하지 않을 수 없었습니다. 그러다 보니 글의 성격상 앞서 백두대간을 알린 분들의 글에서 많은 아이디어를 얻고 참고를 했으면서도 그 빚진 바를 밝히지 못했습니다. 세상에 혼자 할 수 있는 일이 없음을 절감하면서 감사의 말씀을 전합니다.

끝으로 개인적인 얘기 한마디만 더 보태겠습니다. 처음부터 끝까지 함께 산행하며, 산 보는 눈이 아둔한 저의 길눈이 되어 주신 구인모 선생님, 좋은 사진으로 어설픈 제 글의 기댈 언덕을 마련해 주신 사진가 손재식 선생님, 좋은 산벗 이원영 씨에게도 감사의 마음을 전합니다.

고마운 인연들이 너무도 많습니다.

2003년 1월 20일 윤제학

차례

백두대간 개념도

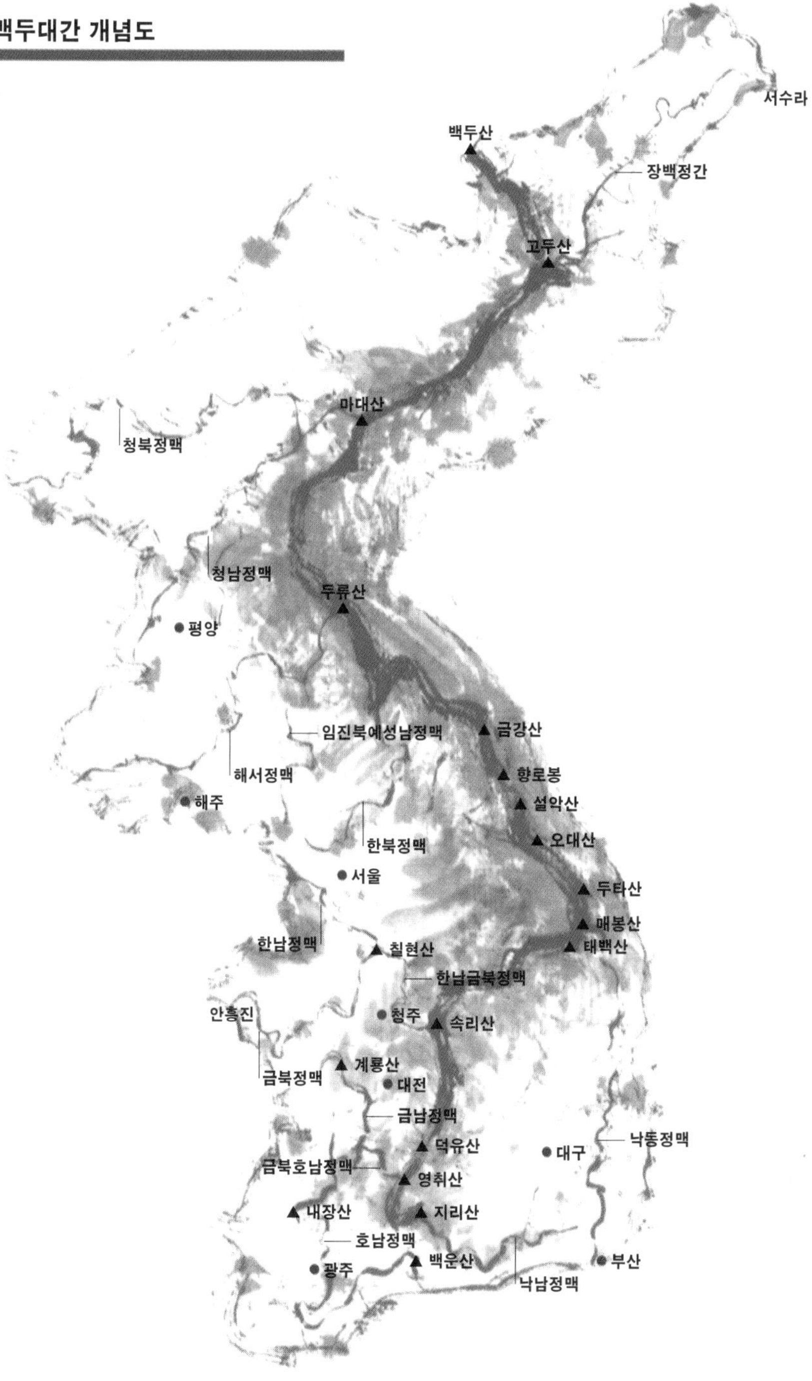

서수라
백두산
장백정간
고두산
마대산
청북정맥
청남정맥
두류산
평양
임진북예성남정맥
금강산
해서정맥
향로봉
해주
설악산
한북정맥
오대산
서울
두타산
매봉산
한남정맥
칠현산
태백산
한남금북정맥
안흥진
청주
속리산
금북정맥
계룡산
대전
금남정맥
낙동정맥
덕유산
대구
금북호남정맥
영취산
내장산
지리산
호남정맥
부산
광주
백운산
낙남정맥

지리산 1

백두대간의 꽃

하늘에 떠 있는 섬 하나. 천왕봉! 하늘을 비집고 선 것도 아니고 하늘이 그만큼 물러나 있지도 않았다. 마치 깍지 낀 손가락처럼, 하늘과 땅은 그렇게 한몸을 이루고 있었다. 차라리 떠다니는 물알갱이라 해야 옳은 짙은 안개는 하늘과 땅의 경계를 없애고 있었고, 나와 대상을 눈과 눈꺼풀의 관계로 만들고 있었다. 지리산은 이렇게 아무 말없이 시간과 공간의 실체가 어떠한지를 일러 준다. 하늘과 땅도, 시작과 끝도 본래 없는 것임을 여실히 보여 준다. 순간순간이 창조의 시간이자 소멸의 시간이며, '나' 와 '그것' 이 꽃잎과 꽃잎에 매달린 이슬의 관계임을 일깨워 준다.

이슬방울이 떨어진다. 충일한 존재의 장엄한 낙하. 다시 뿌리로 돌아간 그것은 또다시 꽃을 피워 올린다. 이슬이 곧 꽃이고 꽃잎이 곧 이슬이다. 꽃잎이 떨어진다. 생의 비밀을 다 알아버린 모습이다. 그것은 다시 '흙' 이 되고, '물'

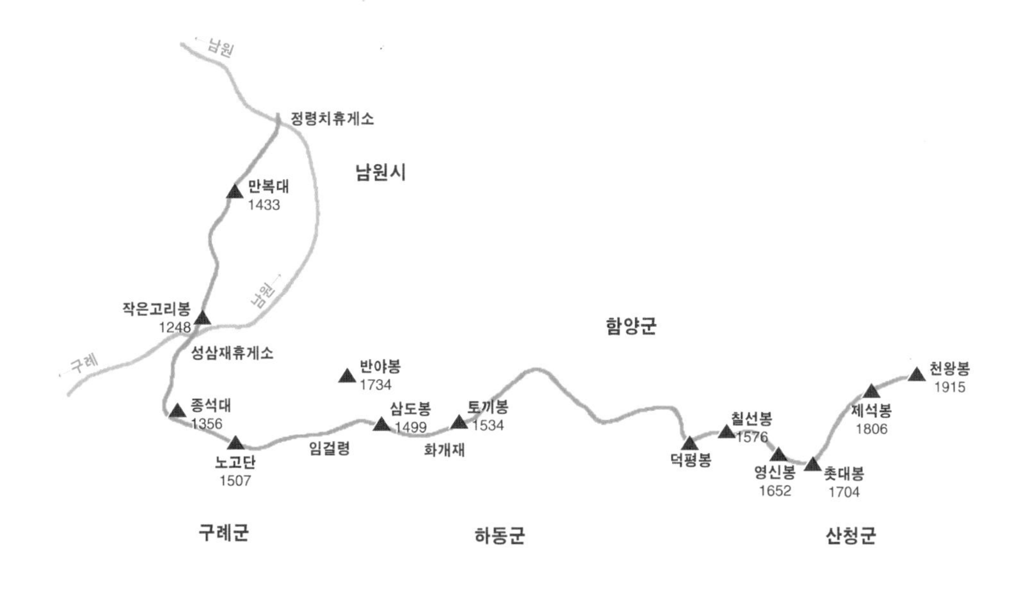

이 되고, '불' 이 되고, '바람' 이 된다. 비로소 세상은 커다란 한 송이 꽃이 된다.

백두산이 이 땅의 뿌리라면 지리산은 이 땅의 꽃이다. 그것도 아주 커다란 꽃이다. 넓이 약 440㎢(1억 3천만여 평)의 광대한 자락을 전북 남원시, 전남 구례시, 경남 함양군, 산청군, 하동군의 3개 도 5개 시군에 걸쳐 펼쳐 놓고 있으며 그 둘레가 자그마치 800여 리나 된다.

높이 또한 예사롭지 않다. 최고봉인 천왕봉(1,915m)은 섬을 제외한 남한 땅의 가장 높은 곳이다. 천왕봉에서 노고단을 잇는 100리에 가까운 등마루에만도 1,000미터가 넘는 봉우리가 20여 개나 된다. 또 그만큼의 등성이를 가지 치며 피아골이나 내원골 같은 계곡을 만들어 섬진강과 낙동강을 살찌운다.

지리산에서부터 백두대간의 등성마루를 밟는 일은, 꽃이 그 뿌리로 돌아가는 것과 같다. 어찌 감히 면벽한 선승(禪僧)의 향상일로(向上一路)에 비길까만, 고맙게도 지리산은 그것을 허락한다. 대간의 남쪽 들머리가 천왕봉(天王峯)이라는 사실은 결코 가벼이 보아 넘길 일이 아니다. 사찰로 치면 사천왕문(四天王門)에 해당하는 것이 바로 천왕봉이다. 해탈문이 멀지 않음을 알리는 것이다. 그러고 보니 저기 제석봉, 연하봉, 영신봉, 덕평봉, 명선봉을 지나 지리산의 심장이라 할 '지혜의 봉우리(반야봉)' 가 보인다. 우리는 지금 그곳으로 간다.

지리산은 깨달음의 산이다. 일찍이 옛 사람들도 이 산을 불국토로 여겼다. 지혜를 상징하는 문수보살이 머물면서 불법(佛法)을 지키고 중생을 깨우치는 도량으로 믿은 것이다. 그래서 이 산의 다른 이름 중 하나가 문수사리(文殊師利)의 '리(利)' 를 딴 지리산(地利山)이다. 그뿐이 아니다. 지리산의 서쪽 기둥격인 노고단(老姑壇)은 신라 때에는 '길상(卍)봉' 으로 일컬어졌으며, 18세기 말까지만 해도 30개가 넘는 사찰이 골마다 들어차 있었다.

지금도 지리산 자락 그윽한 곳에는 목탁소리와 염불소리가 끊이질 않고, 눈 푸른 납자들의 기상은 산빛을 더욱 시리게 하고 있다. 간단히 그 면면을 살펴보자.

화엄종찰인 화엄사는 754년에 연기조사가 창건한 것으로 전해지며, 신라 말기에 도선국사가 다시 크게 일으킨 사찰이다. 국보 제67호인 각황전과 그 앞에 우뚝 선 국보 제12호인 석등은, 국보 제35호인 사사자 삼층석탑과 함께 한국 불교의 큰 자랑거리이다. 또한 한국전쟁 때 각황전을 향해 날아가던 총알이

지붕 위로 비껴갔다는 거짓말 같은 얘기는, 화엄사의 부처님이 이 일대의 사람들에게 얼마나 큰 믿음의 대상인가 하는 점을 잘 말해준다.

역시 연기조사가 543년에 창건한 것으로 알려진 연곡사도 빼놓을 수 없는 절이다. 우아하면서도 섬세한 아름다움을 지닌 부도(동부도 국보 제53호, 북부도 국보 제54호)가 인상적이다.

아(亞)자 방으로 유명한 칠불사, 고운 최치원이 쓴 진감선사대공탑비(국보 제47호)가 천년 고찰임을 일러 주는 쌍계사, 구산선문의 하나인 실상사 등도 지리산이 얼마나 부처님과의 인연이 깊은 산인가를 일깨워 준다. 그 밖에도 지리산에는 천은사, 금대암, 대원사, 벽송사, 안국사, 영원사 같은 사찰들이 산문을 열고 있다.

대간 종주의 시작(1999년 5월 31일)은 비에 젖는 일이었다. 손으로 움켜쥐면 주르르 물이 흐를 것 같은 구름과 어깨동무하며 젖고 또 젖었다. 땀도 참 많이 흘렸다. 다행히도 빗물과 땀은 서로를 배반하지 않았다. 덕분에 빗물과 함께 온전히 지리산으로 스며들 수 있었다. 장엄한 입문식이었다.

1999년 6월 1일

백두산이 이 땅의 뿌리라면 지리산은 이 땅의 꽃이다. 그것도 아주 커다란 꽃이다. 넓이 1억 3천만여 평의 광대한 자락을 3개도 5개 시군에 펼쳐놓고 있다.(노고단에서 광양 백운산 쪽으로 바라본 모습)

지리산 2

열리고 닫힘이

자재로운 산

지리산을 한마디로 표현하기란 거의 불가능하다. '깨달음의 산' 이니 '어머니 산' 이니 하는 말들도 턱없이 작은 조각그림에 지나지 않는다. 어쩌면, 보면 볼수록 '모를 뿐' 이라는 성글기 짝이 없는 표현이야말로 지리산의 실체를 가장 잘 드러내고 있는지도 모르겠다. 설사 빼어난 문장가가 뭇 사람들이 탄복할 근사한 표현을 찾았다 할지라도, 그건 그 사람의 머릿속에 그려진 '허공꽃' 이요 순간의 느낌일 뿐이다.

하여 나는, '열리고 닫힘이 참으로 자재로운 산' 이라는 말로 지리산이 드리운 그림자 하나를 붙잡아 본다. 한순간도 머무르지 않고 순간순간 변하는 그 모습 그대로가 지리산의 실체인 것이다. 벽공으로 우뚝 솟으면 솟은 대로, 구름에 갇히면 갇힌 대로, 어둠에 묻히면 묻힌 그대로 지리산일 따름이다. 이 모습이 더 좋고, 저 모습은 덜 좋다는 생각은 나그네의 심사일 뿐이다.

지리산의 심장은 반야봉이다. 그리고 그 아래에는, 산새와 다람쥐와 이웃하고 사는 한 반야 행자가 살고 있는 토굴이 있다. 묘향대가 바로 그곳이다. 화엄사를 창건한 연기스님이 띠집을 짓고 도를 닦았다는 곳이기도 하다. 내가 가본 곳 중 가장 아늑하고 깊은 곳이었다. 만약 지리산이 한 그루 나무라면 그 나이테의 중심이 바로 이곳이 아닐까 하는 상상을 해본다.

"스니임" 하고 조금은 과장된 목소리로 인사를 건넸다. 이런 곳에 사람이 살고 있다는 사실이 하도 신기해서였다. 그러나 스님은 힐끔 돌아보기조차 않는다. 산을 넘다 지친 구름 한 조각쯤으로 생각한 걸까?

땔감으로 쓸 나무를 자르고 있다. 이미 반쯤은 썩은 나무다. 이것저것 귀동냥이나 할 셈으로 슬그머니 다가가 한 토막 거들겠다고 하자, 무심히 톱을 건넬 뿐 또 아무런 말이 없다. 한참의 시간이 톱밥으로 쌓인 다음, 나 또한 무심한 어조로 말문을 열어본다.

"혼자 사십니까?"

참 한심한 질문이다. 그러나 뜻밖에도 대답이 돌아온다.

"여럿이 함께 살지요."

"예?"

"새도 함께 살고 다람쥐도 드나드니 제법 많은 식구인 셈이지요."

"아, 예."

"언제부터 사셨나요?"

"글쎄요. 잊어버렸네요."

그래, 이런 것이 바로 수행자의 삶이요, 영원한 오늘을 사는 사람의 모습이겠지.

새삼 정색을 하고 얼굴을 바라본다. 20대 초반, 아니 40대 중반? 도무지 가늠이 되질 않는다. 잊어버렸다는 말이 정말인 것 같다.

큰맘 먹지 않으면 묘향대를 가기는 힘들다. 구경삼아 갈 양이면 삼가고 삼갈 일이다. 그러나 꼭 가야 할 사람에게는 아무것도 걸릴 게 없다. 화개재를 지나 노고단 쪽을 향하다 반야봉으로 올라서는 갈림길에서 반야봉의 동북쪽 기슭에 몸을 맡기면 된다. 인적이 끊어진 지 오래라 길은 아주 희미하다. 수풀을 헤집으며 들짐승들의 발길을 좇을 일이다.

묘향대를 뒤로 하고 쉬엄쉬엄 올라도 한 시간이면 반야봉에 오를 수 있다. 지리산의 봉우리 중 전망이 가장 좋은 곳으로 손꼽힌다. 사방이 탁 틔어 있어, 천왕봉 노고단은 물론 만복대까지 눈길로 쓰다듬을 수 있다. 이곳에 서서 하늘에 머리를 담그면, 제아무리 굳은살 같은 감성의 소유자라 할지라도, 몸과 마음이 하늘빛으로 투명해짐을 느낄 수 있을 것이다.

반야봉은, 조금은 아쉽게도 지리산의 주릉에서 살짝 비껴나 있다. 지리산의 가운데에 있으면서도 살풋이 물러나 있는 것이다. 하지만 나는 이곳에서 반야의 참뜻을 배웠다. 어디에고 치우침이 없는 중도의 도리와, 나와 너가 서로로부터 비롯되고 서로에 속해 있음을 배웠다. 어디에도 걸리지 않고, 아무것에도 물들지 않고, 어느 하나에도 차별을 두지 않는 평등의 도리를 반야봉은 말없이 가르치고 있다.

진공묘유(眞空妙有). 텅— 비어 있음! 우주의 존재 방식이다. 반야봉도 그렇게 존재한다. 그 높음은 결코 낮음을 상대한 높음이 아니며, 시시각각으로 변하는 그 모습은 세계의 실상이 공(空)임을 여실히 보여 준다. 공은 또한 색(色)이니 곧 묘유(妙有)다.

반야봉에서 노고단까지의 발걸음은 그다지 힘들지 않다. 천왕봉을 오를 때와 같은 가팔진 곳도 없다. 이 몸이 곧 작은 우주임을 느끼며 천천히 걷기만 하면 저기 노고단이다. 그리고 그곳에서 만약 운해를 만난다면, 그 또한 지리산이 내린 축복이다. 두 번 생각할 것도 없이, 풍덩 몸을 던질 일이다.

1999년 6월 4일

만복대에서 바라본 반야봉. 한순간도
머무르지 않고 순간순간 변하는 모습
그대로가 지리산의 실체다.

지리산 3

만복대에 올라 태초의 시간을 맞는다

"어떻게 해야 그대와 함께 신선의 짝이 되어 기러기보다 더 높이 날아 우주 밖으로 노닐며, 눈으로는 태초의 세계를 보면서 우주의 기가 다하는 것을 보겠는가?"

이는 『동문선』에 실린 탁영(濯纓) 김일손(金馹孫, 1464~1498)의 '속 두류산 기행'에 나오는 말로, 지리산 천왕봉에 오른 김일손이 그의 친구 백욱(伯勖) 정여창(鄭汝昌)에게 한 말이다. 이에 대해 백욱은 "그렇게 될 수 없다"며 웃고 말았다지만, 예나 지금이나 지리산에 오른 사람들은 누구나 그런 꿈을 꾸게 되는 모양이다. 그 꿈은 참으로 우주적인 것이어서, 범인에게는 말 그대로 꿈에 지나지 않을지도 모르겠다. 하지만 내가 만일 백욱이었다면 "아무렴. 그것도 지금 당장!"이라고 말했을 것 같다.

불교의 시간관으로 보면, 시계나 달력으로 분절할 수 있는 시간 같은 것은 존재하지 않는다. 오로지 흐름이 있을 뿐이다. 그리고 그 흐름의 존재 양태는 '지금 이 순간' 일 수밖에 없다. 따라서 순간순간이 곧 태초이다. '찰나가 곧 끝없이 긴 시간(一念卽時無量劫)' 인 것이다.

만복대에 오르면 '태초' 의 시간을 맞이할 수 있다. 하늘을 비질하듯 일렁이는 억새풀 사이로 정상(1,433m)에 오르면, 그곳에 태초의 세계가 펼쳐지는 것이다. 막 태어난 햇빛과 바람이 몸을 부딪치며 은빛 군무를 펼치는 가운데, 멀리 천왕봉에서부터 노고단에 이르는 지리산의 등성이가 도열하듯 다가선다. 지리산의 심장이라 할 반야봉의 가장 웅장한 모습을 바라볼 수 있는 곳도 바로 이곳 만복대다.

만복대에 이르는 길은 지리산의 다른 봉우리에 비해 비교적 간단하다. 지리산의 주릉이 북쪽으로 몸을 틀어올리는 성삼재에서 출발해도 반나절이면 되고 정령치에서 오르면 한 시간 남짓으로 충분하다. 시간이 넉넉한 사람이라면 노고단 산장에서 밤을 보내고 아침에 출발하여 먼저 종석대(1,356m)에 올라 지리산의 남쪽과 서쪽을 조망해 보는 것도 빼놓기 아깝다. 아스라이 펼쳐지는 섬진강 물줄기에 눈을 적시고, 고개 들어 멀리 서쪽을 바라보면, 무등이 저기다. 가까운 듯 싶어 거리를 가늠해 볼라치면 아득히 멀고, 구름에 몸 담그고 있으니 높이도 큰 의미가 없어 보인다. 그래서 무등산(無等山)일까? 이 땅 현대사의 비극 한 움큼을 고스란히 안고 사는 산으로 보기에는 그 모습이 너무도 평화롭다. 산의 덕(德)이란 게 바로 그런 것인 모양이다. 부디 그 덕스러움 다함 없어서, 상처받은 영혼들이 언제든 편안히 기댈 수 있기를.

만복대에서 바라보는 지리산의 산주름은 공력 높은 화가의 거침없는 붓발 같다. 도로 때문에 만들어진 산허리의 생채기가 약간의 속기(俗氣)를 드러내긴 하지만 본연만큼은 그대로 천진(天眞)이다. 변화하는 모습 또한 자재롭기 그지없어서, 천변만화라는 표현은 너무 진부하고 변덕스럽다는 말은 너무 천박하다.

만복대에서부터 백두대간은 지리산과 작별이다. 한 시간 조금 못미치는 거리에 있는 정령치를 가로질러 고리봉(1,248m)에 이르러서는 북서쪽으로 발길을 옮긴다. 봄이면 진달래 고운 바래봉 능선을 눈길로만 더듬어야 하는 아쉬운 순간이기도 하다.

1999년 7월 12일

노고단의 돌탑. 텅 비어 있음으로써 만물을 제 모습대로 살려내는 우주의 존재 방식을 보여 준다.

만복대에 오르면 태초의 시간을 맞을 수 있다. 막 태어난 햇빛과 바람이 몸을 부딪치며 펼치는 은빛 군무를 만날 수 있다.

지리산의 심장인 반야봉의 철쭉.

정령치 · 복성이재

판소리 가락에 실려

흥부 마을로

지리산을 벗어난 백두대간은 한참의 내리막길을 만들며 허리를 낮춘다. 그리고는 다시 고리봉(1,248m)을 향해 허리를 곧추세우기 전에 잠시 다리쉬임을 한다. 그 틈에 고개 하나가 대간을 가로지르니, 그곳이 바로 정령치(正嶺峙, 1,172m)다. 남원과 지리산의 심원 마을을 잇는 고개로, 서산대사의 「황령암기(黃嶺岩記)」에 의하면 기원전 84년 마한의 왕이 진한의 공격을 막기 위해 정 장군으로 하여금 고개를 지키게 한 데서 비롯된 이름이라고 한다.

사람이 그리운 걸까? 고리봉을 넘어선 백두대간은 도무지 대간의 등마루라고 믿기 힘들 정도의 평지로 몸을 바꾼다. 남원시 주촌면의 고촌, 주촌, 가재로 이어지는 마을을 지나며 이집 저집 담장 너머를 기웃거리기도 하고, 학교를 파한 후 곧장 집으로 가지 않고 해찰을 부리는 아이들의 틈에 끼어 도란도란 얘

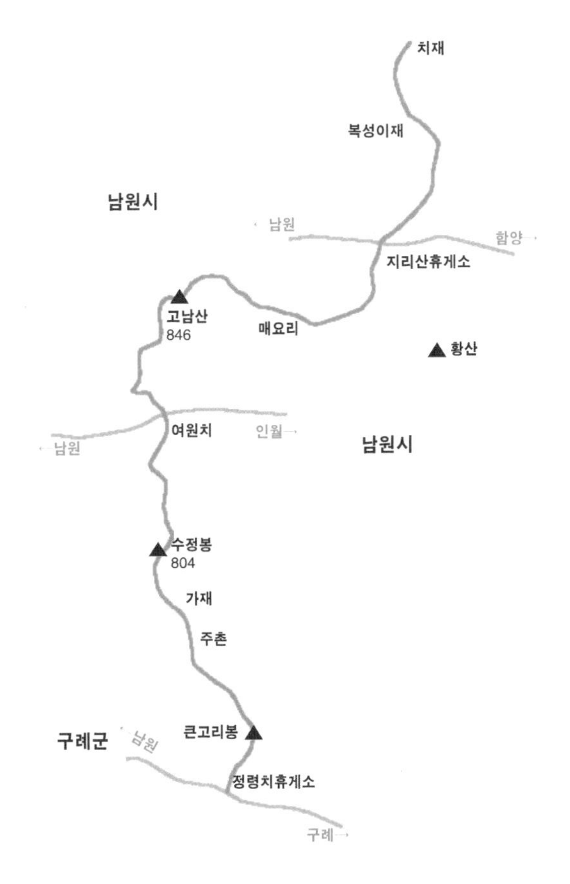

기를 나누기도 한다.

가재 마을을 지나면서부터 백두대간은 다시 산을 오른다. 그리고 그 초입에 범접하기 힘든 위엄을 갖춘 우람한 소나무가 서 있다. 그 곁에는 산신을 모셔두고(비석) 있는데, 산악신앙의 한 예라고 스쳐버리기엔 그 모습이 예사롭지 않다. 산 자체를 신령스러운 존재로 여기는 이 마을 사람들의 미쁜 마음씨가 그대로 전해온다. 이에 비하면 대량 생산이라는 마술에 걸린 오늘날의 농업이나 무분별한 개발 행위는 자연에 대한 테러에 가깝지 않을까.

가재 마을에서 수정봉(804m)을 지나 고남산(846m)으로 이어지는 백두대간의 오른쪽으로는 크고 작은 마을들이 펼쳐져 있다. 운봉! 이름만 들어도 한무리의 구름이 눈에 어른거리는 듯한 고을. 고원에 자리잡은데다 세걸산, 바래봉, 덕두산의 줄기를 병풍처럼 두른 탓이어선지 곧잘 구름으로 하늘을 삼는다. 한여름에도 무더위를 모르는 이곳은 가을걷이 또한 빨라서 전라북도의 추수 1번지로 불리기도 한다. 하지만 이 고을을 주목하게 하는 가장 큰 이유는 판소리와 관련이 깊다. 동편제의 고향이기 때문이다.

발성이 가볍고 소리의 꼬리를 길게 늘이는 서편제와는 달리, 무거운 발성에 소리의 꼬리를 짧게 끊는 씩씩하고도 호쾌한 소리가 바로 동편제이다. 여기서 잠시 짚어보고 싶은 것은, 동편제니 서편제니 하는 구분의 지역성이다. 전라도 동북 지역의 소리가 동편제이고 전라도 서남 지역의 소리가 서편제인데 그 기준이 산줄기임은 강조하기조차 새삼스럽다. 어쨌든 조선 순조 때의 명창인 송홍록으로부터 박만순, 송우룡, 송만갑으로 이어지는 동편제가 이곳 운봉에 그 뿌리를 두고 있다는 사실은 기억해 둘 만한 일이다. 박초월(1915~1983) 명창이 태어나서 '소리를 얻은〔得音〕' 곳도 이곳이다.

수정봉을 내려선 백두대간은 또 한번 자신의 허리를 밟고 지나는 포장도로를 만나게 된다. 남원에서 운봉을 거쳐 함양으로 이어지는 24번 국도가 바로 그것인데, 백두대간을 넘는 고갯마루인 여원치(女院峙, 450m)가 거기에 있다. 참으로 비극적인 전설이 어려 있는 고개다. 잠깐 귀 기울여 보자.

왜구가 노략질을 일삼던 오랜 옛날, 꽃같이 아리따운 젊은 여인이 주막을 열고 있었단다. 그러던 어느 날, 왜구 몇 놈이 주모에게 달려드니, 차마 왜구의 노리개가 될 수 없었던 주모는 그만 자신의 가슴을 칼로 도려내고 말았단다. 훗날 사람들이 길 가의 바위에 그녀의 모습을 새기니 미륵의 모습으로 현현하였다 한다.

내친 김에 한걸음 더 지난날로 돌아가 보자. 여원치를 넘어 곧장 나아가면 운봉읍의 머리쯤 되는 곳에 자리잡은 황산(黃山)을 만나게 된다. 이성계가 조선의 태조가 될 기반을 마련해 준 황산대첩(계백 장군과 관계 있는 황산벌은 논산에 있다)의 현장이 바로 그곳이다. 고려 말기인 우왕 6년(1380) 8월, 500여 척의 대선단으로 침입한 왜구는 충청 · 전라 · 경상 3도 연안을 유린하기 시작했는데, 일단 최무선이 최초로 화포를 사용하여 함선을 모두 불태우는 전과를 올린다. 그러나 목숨을 구한 360여 명의 왜구들은 옥천 쪽으로 도주하여 이미 상륙한 왜구들과 합류한 뒤 더욱 잔혹한 만행을 저지르면서 북상하여 9월에는 운봉에까지 이르게 된다. 바로 그 순간 왜장 아지발도와 이성계는 운명적인 조우를 한다. 아지발도를 우두머리로 한 왜구는 섬멸되었고, 아지발도가 죽은 자리는 지금도 붉은 빛이 선연하여 피바위로 불리고 있다.

잠시 쉬어가자는 뜻이었는데 그만 잡담(?)이 길어졌다. 대간은 다시 사람들의 흔적을 지우며 고남산을 향한다. 그러나 아쉽게도 고남산 정상 부근에는 한국통신의 중계소가 괴기스런 모습으로 버티고 있어 눈살을 찌푸리게 한다. 휴대 전화기를 몸에 지닌 채 그런 생각을 한다는 사실을 깨닫자 씁쓸한 웃음이 흘러나온다.

고남산에서 동쪽으로 발길을 돌린 백두대간은 버들재〔柳峙〕를 지나 매요마을을 어슬렁거리다가 88고속도로를 가로질러 잡목이 우거진 산기슭으로 발길을 재촉한다. 여기서부터 반나절쯤 가쁜 숨을 토해 내면 백제와 신라의 격전지였던 아막산성에 이를 수 있다. 이곳에서는 되도록 느긋하게 숨을 고를 필요가 있다. 몸을 돌려세워 먼 산으로 눈길을 주면, 지나온 발걸음들은 지리산의 연봉이 되어 우뚝 솟고, 몸을 바로 세워 가야 할 곳을 바라보면 봉화산, 백운산, 멀리 덕유산이 빨리 오라 손짓을 한다.

아막산성에서 계속 키를 낮춘 백두대간은 복성이재라는 고개를 지나게 되는데, 오른쪽으로 마을 하나가 내려다 보인다. '흥부 마을' 로 널리 알려진 남원시 아영면 성리다. 그런데 한 가지 재미난 것은, 이곳을 흥부 마을로 부르면 펄쩍 뛰는 사람들이 있다는 사실이다. 남원시 동면 성산리 또한 흥부 마을로 불리는 까닭이다. 어떻게 이런 일이 있을 수 있을까? 몇 년 전에는 원조 경쟁까지 있었다 한다. 그러나 이 두 마을의 다툼은 아주 절묘한 방식으로 마무리되었다. 심판은 경희대학교 학술조사단. 1993년에 남원시의 의뢰로 경희대 민속학 연구소에서 '흥부전' 을 고증한 결과, 동면의 성산리는 흥부가 태어난 곳이고, 아영면의 성리는 놀부에게 쫓겨난 흥부가 발복을 한 곳이더란다. 둘 다 흥부 마을이라 불러도 안 될 게 없는 셈이다. 하지만 엄밀히 말하면 흥부가 태어난 곳은 놀부 마을로 부르고 성리 마을을 흥부 마을로 불러야 하지 않을까? 그래도 문제는 남는다. 연유야 어찌됐건 대놓고 놀부라고 부르는 데 언짢아하지 않을 사람은 없을 테니까.

또 객쩍은 얘기가 길어졌다. 하지만 어쩔 수 없다. 남원을 지나는 백두대간은 이리저리 몸을 뒤틀며 참으로 많은 얘기들을 간직하고 있기 때문이다.

1999년 8월 6일

산에 들 때, 혹은 산을 내려설 때면 무시로 고개를 만나게 된다. 그런 고개 가운데 하나인 지리산 자락 화개재에서 만난 아침. 뼛속까지 스며드는 서늘함.

남원에서 운봉으로 가는 길에 걸린 백두대간의 고갯마루인 여원재 앞의 마애불. 고갯마루에 주막을 열고 살던 젊은 여인이 왜구의 겁탈에 맞서 스스로 가슴을 도려낸 뒤 미륵의 모습으로 현현했다는 전설이 서려 있다.

백운산 · 육십령

달빛 미끄럼 타기

백운산의 품에 안긴 운산 마을 초입에서 신발 끈을 조이는 순간부터, 밝음과 어둠은 서서히 자리바꿈을 하기 시작한다. 그러나 그 교대의 시간은 아주 은밀해서 인간의 더듬이에는 쉽게 포착되지 않는다. 마치 풀잎과 바람이 속삭이며 이슬을 만드는 일과도 같다. 그러다 어느 한순간, 이슬이 대지로 몸을 내려놓는 것처럼 밝음은 자취를 감춘다.

대간의 등마루에 올라선 순간, 어느 새 어둠은 조금의 빈틈도 남겨 놓지 않고 있다. 아직 어둠에 익숙해지지 않은 발길이 중력을 잃은 부유물처럼 허공을 저어댄다.

중재에 올라선다. 봉화산(920m)을 내려선 백두대간이 백운산(1,279m)을 오르기 전에 잠시 숨을 고르는 곳이다. 곧추선 백운산은 거리감이 느껴지지 않

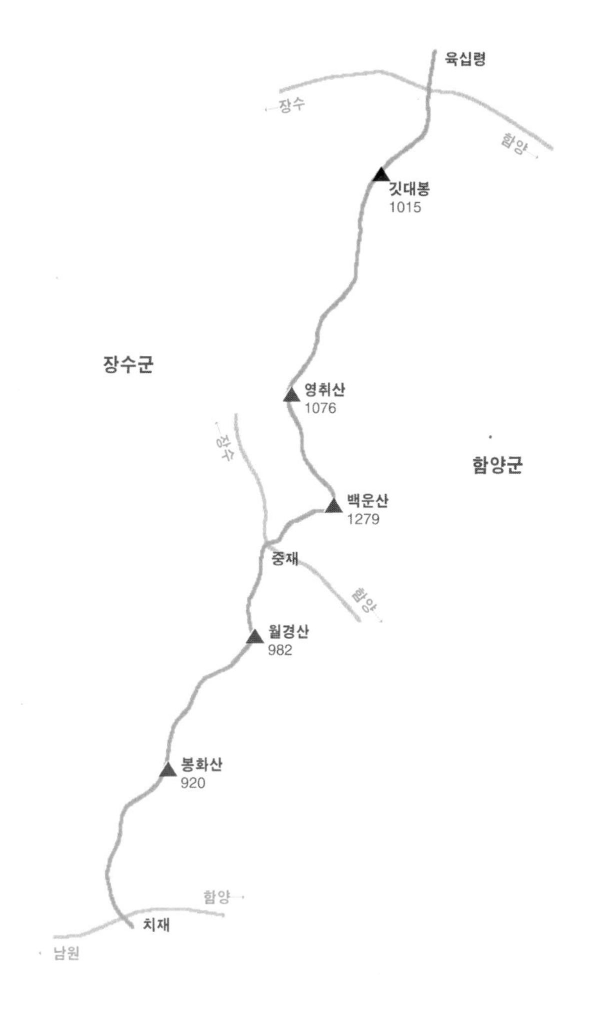

을 정도로 아득하다. 느슨해진 배낭 끈을 매만지고는 랜턴 불빛에 의지해 조심조심 발길을 옮겨 놓는다. 처음부터 된비알이다. 길섶에는 다북솔과 관목이 우거져 있다. 10분쯤 밭은 숨을 몰아쉬자 조그만 봉우리가 잠시 깊은 숨을 들이쉴 여유를 준다.

가끔씩 산죽이 손등을 스친다. 조릿대라는 본디 이름보다는 산죽이라는 별칭에 더 잘 어울리는 이 식물은 한방에서는 열을 다스리는 약재로 쓰인다고 한다. 그래서일까? 산죽을 스칠 때의 느낌은 상쾌함을 넘어 속진이 씻기는 기분이다.

이마에 땀방울이 맺힐 때쯤 되자 자연스럽게 고개가 하늘로 젖혀진다. 잘 여문 별빛이 눈 속으로 쏟아진다. 산 너머로는 달빛이 차오르면서 하늘금 또한 선명해지기 시작한다.

가끔씩의 이러한 야간 산행은 겨울산의 장쾌한 멋에 흠뻑 빠져들게 한다. 이렇듯 자연은 인간에게 밤낮과 계절을 가리지 않고 갖가지 은덕을 베푼다. 그런데도 인간은 그 은덕을 어떻게 되갚음하는가. 언뜻 우리의 옛 이야기 한 토막이 떠오른다.

늙은 우렁이 어미가 마지막으로 생명을 살라 새끼를 낳고는 숨을 거두었다. 그러나 어미는 그것으로도 모자라 제 살점으로 새끼들을 살찌웠다. 아무것도 모르는 어린 것들은 끝내는 속이 텅 비게 된 제 어미가 물 위로 둥둥 뜨자 이렇게 노래를 불렀단다.

"우리 어머니 이제 우리 다 키우시고 뱃놀이 하시네."

인간들이 자연을 대하는 태도가 저 철없는 우렁이 새끼를 그대로 빼닮지는 않았는가 하는 생각이, 대간을 밟는 발길을 더욱 무겁게 한다. 하지만 또 걷고 걷지 않을 수 없음은, 인간 또한 자연의 일부임이 분명하기 때문이다. 다만 그러한 자각이 상생의 관계로 이어지지 못한 채 관념으로만 머물게 되는 그것이 늘 두려울 따름이다.

중재부터 백운산 정상에 이르는 길은 아주 가파르다. 더욱이 밤길인 탓에 족히 3시간쯤 다리품을 팔고 나니 백운산 정상이다. 뒤로는 지리산, 앞으로는 덕유산이 흔들림 없는 자세로 우뚝 솟았는데, 달빛은 그 사이로 미끄럼을 타듯이 내려와 온 산을 감싼다.

날이 밝자 백두대간은 그 위용을 유감없이 드러낸다. 백운산의 조망은 지리산과 덕유산 사이의 봉우리 중에서 단연 으뜸이다. 뒤로 천왕봉에서 노고단으로 이어지는 지리산의 헌걸찬 등마루와, 앞으로 남덕유산의 웅좌가 한눈에 들어온다. 왜 백두대간이 이 땅의 등뼈인가를 털끝만큼의 의심 없이 실감하는 순간이다.

행정구역상으로 백운산은 경남의 함양군과 전북의 장수군에 걸쳐 있다. 하지만 누구나 별 고민없이 함양 백운산이라 부른다. 백운산의 동쪽 맞은편에 장수의 산인 장안산이 버티고 있어서다.

백운산에서 왼쪽으로 몸을 틀어 두 시간 남짓 걸으면 영취산이다. 그리고 이곳은 대간이 정맥 하나를 풀어 놓는 지점이다. 금남호남정맥이 이곳에서부터 가지를 뻗는 것이다. 서쪽을 향하여 무령고개를 넘어 남서쪽으로 장안산을 거쳐 주화산에 이르는 금남호남정맥은 그곳에서 다시 금남정맥과 호남정맥으로 갈라진다. 주화산에서 갈려나온 금남정맥은 한남금북정맥과 어깨를 나란히 하면서 대둔산과 계룡산을 부려 놓고는 부여로 향한다. 호남정맥 또한 남서쪽으로 방향을 틀어 내장산 · 추월산 · 무등산을 올려 세우고는 광양의 백운산에서 발길을 멈춘다. 이 두 정맥은 다시 곁가지를 치면서 금강 · 섬진강 · 영산강 · 동진강 · 만경강 · 탐진강 등의 물줄기를 살찌운다. 그리고는 대전 · 공주 · 부여, 전주 · 광주 · 순천 등의 충청 · 호남 지역을 품에 안는다.

영취산에서 다시 북쪽을 향하여 기분좋은 오르내림을 반복하면서 억새숲과 산죽밭을 번갈아 지나다 보면 불쑥 솟은 깃대봉과 얼굴을 마주하게 된다. 깃대봉에서는 잠시 걸음을 멈추고 우리 역사상 아주 특별한 삶을 살다 간 한 사람을 기려야 한다. 진주 남강에 몸을 던져 영원히 붉은 꽃으로 피어난 조선의 여인 논개의 생가와 유택이 깃대봉 좌우에 깃들어 있기 때문이다. 깃대봉 왼쪽에, 주논개(朱論介, ?~1593)가 난 곳이라 하여 이름마저 주촌인 장수군 장계면의 한 마을에 논개의 생가가 있고, 오른쪽으로 함양군 서상면의 방지 마을에는 논개의 무덤이 있다.

주촌 마을의 사람들에게 있어 논개는 신적인 존재다. 아직도 그들은 마치 어제의 일인 양 논개의 삶과 죽음을 얘기한다. 그만큼 논개에 대한 경모의 정이 깊다는 얘기가 되겠다. 하지만 이들의 이러한 태도는 단순히 논개 때문만은 아닐 것이다. 어쩌면 그것은 오랜 세월 동안 민족의 역사적 수난을 고스란히 감내하며, 제대로 큰소리 한번 치지 못한 민중들의 항변이 섞인 자기 동일시는 아닐지. 이렇게 본다면 논개의 삶과 죽음은 이 땅의 여성과 민중 수난사의 한 단면일지도 모르겠다.

이런저런 상념에 잠기다 보니 벌써 육십령이다. 또 조금은 쉬어가라는 말이겠다. 저기 덕유산이 보인다.

1999년 10월 30일

낮과 밤이 자리바꿈을 하는 시간은 인간의 더듬이로는 쉽게 포착되지 않는다. 마치 풀잎과 바람이 속삭이며 이슬을 만드는 일과 같다. 저물녘에 산을 오르는 일은 낮과 밤의 경계에 몸을 풀어버리는 일인지도 모르겠다.

애기단풍! 작아서 애기단풍일까, 갓 물들어서 애기단풍일까. 그렇다면 이 단풍은 생로병사의 어디에 해당할까. 다 부질없는 물음이다. 오로지 순환만 있을 뿐이다.

남김없이 살아버린 모습. 어디에도 미련두지 않는 앞모습 같은 뒷모습.

덕유산

눈꽃 날리는

크고 넉넉한 산

지금 덕유산은 눈꽃이 한창이다. 아주 오랜 옛날, 땅이 바다였을 때를 그리워하는 걸까? 눈꽃을 피운 나뭇가지들이 마치 산호와 같아서, 바닷속을 거니는 듯한 착각을 불러일으키기에 충분하다.

아무도 밟지 않은 눈을 밟을 때의 사각거림은 아주 특별한 감흥에 잠기게 한다. 어쩌면 초등학교에 입학하는 날의 설렘과 비슷한 종류의 것일지도 모르겠다. 그러고 보면, 우리네가 맞는 1월과 설날이 겨울의 한복판에 있음도 커다란 축복이다. 순백의 가슴으로 새로이 시작하라는 하늘의 선물이다.

남에서 북으로 거슬러 오르는 백두대간의 덕유산 종주는 육십령에서부터 시작된다. 서쪽으로 장수군의 장계면과 동쪽으로 함양군의 서상면을 잇는 고개인 육십령은(690m), 장수에서 진안을 거쳐 전주에 이르는 전라북도의 동부

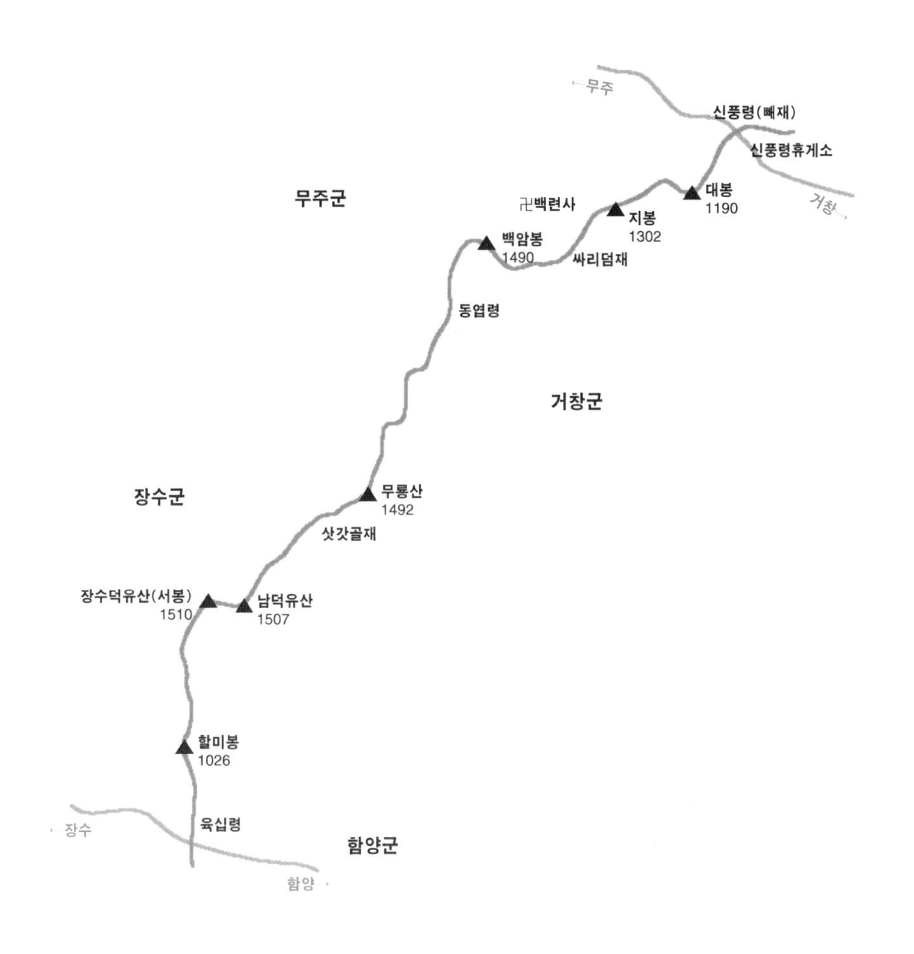

지역과 거창을 중심으로 한 경상남도의 북부지역을 연결하는 교통의 요지이다.

한편 이 고개는 요해지(要害地)로도 유명하다. 왜 요해지인지는 그 이름의 내력에서 잘 드러난다. 『신증동국여지승람』에서는 "신라시대 때부터 요해지였던 바, 행인이 이곳에 이르면 늘 도적에게 약탈을 당하므로 반드시 60명이 되어야만 지나가곤 했는데, 그것이 이름이 되었다"고 적고 있다.

흔히 덕유산(德裕山)을 일러 '크고 넉넉한 산'이라고 말들을 한다. 그렇게 이름을 붙인 까닭인즉, 임진왜란 등 난리를 겪을 때마다 이 산으로 숨어 들면 적군이 찾지 못했다는 데서 비롯되었다는 것이다. 넓고 깊은 품이 그러한 얘기를 만든 듯하나 곧이 믿기 힘든 부분도 있다. 임진왜란보다 100여 년이나 앞선 15세기 말에 만들어진 『신증동국여지승람』에도 덕유산이라고 똑똑히 적혀 있기 때문이다.

실로 덕유산은 앉음새가 넓고 몸집 또한 우람하다. 동서로 영호남을 나누며 전라북도의 무주군과 장수군, 경상남도 함양군과 거창군에 걸쳐 있으며, 1천 미터가 넘는 봉우리도 여럿 거느리고 있다. 이렇다 보니 이름 또한 남북으로 나누어져 있다. 가장 높은 봉우리인 향적봉(1,614m) 일대를 북덕유산이라 부르고 육십령에서 올라서는 남쪽 봉우리를 남덕유산(1,507m)이라 부른다. 남덕유산의 서봉(1,510m)은 장수덕유산이라고도 한다. 이 산에 대한 장수 사람들의 깊은 애정이 그러한 이름을 낳은 게 아닌가 싶다.

육십령에서 남덕유산으로 오르는 길은 꽤나 가파르다. 특히 할미봉(1,026m) 정상 일대는 앞뒤가 절벽 같은 바위로 이루어져 있어, 눈이 쌓인 때는 온 신경을 발끝에 모아도 지나기가 쉽지 않다.

남덕유산의 서봉(장수덕유산)에 올라서면 된비알을 오른 고생은 충분히 보상을 받는다. 너럭바위에 앉아, 땀방울도 제가 온 곳으로 돌려 보내고 코앞에 걸린 남덕유산의 우람한 모습에 흠뻑 취할 수도 있다. 가끔씩 떼지어 다니는 바람이 계곡을 휘돌면서 만들어 내는 눈꽃가루의 흩날림도 산의 품에 안긴 즐거움을 한껏 고조시킨다.

서봉에서 남덕유산으로 가는 길은 그리 힘들지 않다. 한참 동안 내리막길을 걷다가 산죽밭에 이르러 내려온 만큼 다시 오르면 남덕유산의 정상이다. 그러나 백두대간의 등성이는 남덕유산의 정상을 오르지 않고 봉우리의 왼쪽 기슭을 휘돌아 월성치로 향한다. 그렇지만 그냥 지나치기에는 조금 아쉽다. 산을 오르는 목적이 정상을 밟는 데에만 있는 건 아니지만, 10분 남짓 그리 가파르지 않은 암릉을 오르면 되는데다 정상의 조망이 빼어나기 때문이다.

남덕유산을 뒤로 한 백두대간은 삿갓봉(1,410m)을 향한다. 중간쯤에 있는 월성치(1,210m)까지 내려섰다 한참 올라서면 삿갓봉이다. 그런데 이 오름길은 사람들에게 약간 골탕을 먹인다. 코앞에 걸려 있는 것 같은데 막상 올라서면 또 내리막길이 기다리고 있어 다리에 맥이 탁 풀리게 한다. 이래서 동양의 산수화는 서양화와는 다른 원근법으로 화면을 구성한다. 그것을 삼원(三遠)이라 하는데, 첫째는 고원(高遠)이라 하여 산 아래서 봉우리를 우러러보는 구도다. 둘째는 심원(深遠)으로 산 아래서 산 뒤쪽을 살핀다. 셋째는 평원(平遠)으로 가까운 산에서 먼 산을 바라보는 것을 말하는데, 이 세 가지의 조합으로 구현되는 동양화의 산수는 제3의 눈으로 바라본 듯한 입체감을 얻는다. 이로 미루어 볼 때, 빼어난 동양화가는 발을 붓삼고 산천을 화폭으로 삼은 이들이라는 것을 알 수 있다. 오르내림을 반복하면서, 결코 한 지점에서 바라본 것으로는 얻을 수 없는 풍광을 화폭에 담아내는 것이다.

삿갓봉에서 삿갓골재로 내려 선 백두대간은 다시 키를 높이며 무룡산에(1,492m) 올라선다. 이 지점은 약 16km에 이르는 덕유산 주릉의 가운데쯤에 해당한다. 이곳에서부터 동엽령 직전의 봉우리까지는 순한 내리막길이 이어지다가, 동엽령에 이를 쯤에는 산죽밭으로 이루어진 가파른 내리막을 만나게 된다. 동엽령에서부터는 심한 높낮이 없는 길이 이어지는데, 두어 시간만 걸으면 백두대간이 덕유산을 벗어나는 지점인 백암봉에 이르게 된다. 이곳에서부터 백두대간은 동쪽으로 허리를 틀어 삼봉산 쪽을 향한다. 하지만 향적봉을 지척에 두고 발길을 틀 수는 없다. 잠시 대간을 벗어나 향적봉으로 가 보자.

이에 앞서 간단히 덕유산의 계곡을 더듬어 본다. 동쪽 기슭으로는 바른골, 삿갓골, 월성계곡 등을 풀어 놓고, 서쪽으로는 토곡동계곡, 황골계곡, 칠연계곡 등의 수려한 계곡을 만들어 놓았다.

백암봉과 향적봉의 사이에 있는 중봉(1,594m)까지 이어지는 순한 오름길은, 이름만 들어도 시야가 확 트이는 것 같은 덕유평전이다. 봄이 깊을 때면 무리지어 피어난 원추리와 철쭉이 천상의 화원을 이룬다. 하지만 지금은 겨울, 새하얀 눈 이불을 덮고 노랗고 빠알간 꽃물을 가슴속으로 저미고 있을 뿐이다. 중봉에서부터 향적봉까지는 주목들 사이를 지난다. 하얀 눈과 대조를 이루는 짙은 푸르름이, 살아 천년 죽어 천년이라는 강인한 생명력을 실감케 한다.

드디어 향적봉이다. 그 유명한 구천동 33경의 서른세번째 가경이기도 하다. 이곳에서부터 하산 길은 당연히 구천동 제32경인 백련사. 신라 신문왕 때, 백련(白蓮)이 초암을 짓고 도를 닦던 중 흰 연꽃이 솟아 나와 그 자리에 절을 세웠다고 한다. 한국전쟁 때 모두 불타버렸다가 1961년부터 중건을 시작해 지금은 꽤 번듯한 절로 다시 태어났다. 한 가지만 더 강조를 한다면 조선의 생육신 중 한 사람이었던 매월당 김시습의 부도(전라북도 유형문화재 제43호)가 이곳에 있다는 사실이다. 곧은 절개와 빼어난 문장으로 일세를 풍미하다가 불제자로 다시 태어난 그 뜻을 한번쯤 새겨볼 일이다.

백련사에서부터 다시 하나씩 빨셈을 해 나가는 구천동 33경은, 이속대, 연화폭, 백련담을 지나 제1경인 나제통문에 이르게 된다. 시간이 넉넉하다면 찻길을 버리고 온전히 계곡을 따라 걸어보는 것도, 자연을 스승삼은 이들에게는 좋은 배움의 길이 될 듯하다.

1999년 12월 19일

인한 생명력을 실감케 한다.

눈꽃을 피운 덕유산 향적봉의 늙어 죽은 주목. 살아 천년 죽어 천년이라는 강인한 생명력을 실감케 한다.

첩첩 산! 그 사이 혹은 그 너머에서 인간은 삶을 의탁한다. 그러나 인간은 그 은덕을 잊고 산다. 산 아래에서는 산 너머가 보이지 않기 때문일까.(덕유산에서 가야산으로 바라본 모습)

덕유산 중봉의 겨울 아침. 만생의 근원 빛!

덕유산 · 삼봉산 · 소사고개

바람과 나무의

합창을 '보다'

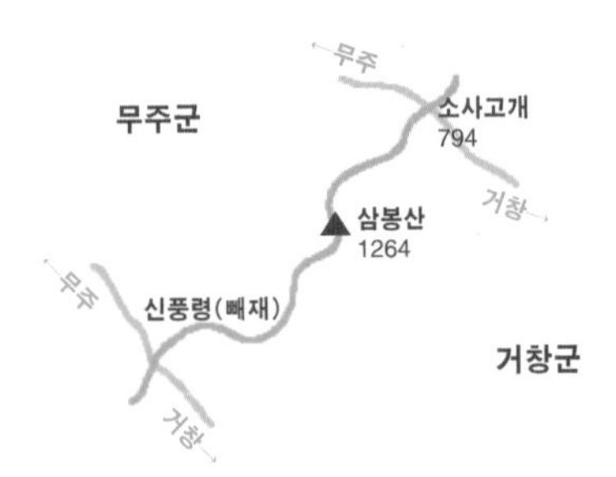

향적봉에 섰다. 낮게 내려앉은 하늘에는 눈이 분분(紛紛)하다. 이렇게 한자로 '분분' 이라고 적고 보니까, '풀풀 날린다' 는 우리말 만큼이나 정감이 간다. 귀에 닿는 맛이 비슷한 까닭이리라.

때로 '말의 내용' 보다 '말투' 가 더 중요한 것도, 말이 지닌 음악성 때문이 아닌가 싶다. 어린아이의 머리맡에서 들려 주는 엄마의 옛날 이야기가 자장가가 될 수 있는 것도, 시(詩)가 산문보다 더 음악에 가까운 것도 같은 이치다. 따라서 말은 궁극적으로 소리를 지향하지 않을 수 없다. 또한 그 소리는 자연의 소리와 어긋남이 없어야 할 것이다.

향적봉 아래 중봉에서 아침을 맞기로 했다. 백두대간이 덕유산을 벗어나는 지점은 백암봉이지만, 이왕이면 좀더 조망이 좋은 중봉에서 해오름을 보고 싶어서다. 조그마한 천막을 세우고 때이른 잠을 청해 보지만 워낙 추운 탓에 쉽게 잠이 오지 않는다. 밖에서는 나무와 바람이 두런거리는 소리가 끊이질 않는다.

아침 일찍 산에 오른 사람들의 인기척에 잠을 깬다. 오늘도 또 한발 늦었다. 산이 깨어나는 소리를 듣고 싶었는데. 아직 내 귀는 자연의 내밀한 소리까지 들을 정도는 아닌 모양이다. 꽁꽁 오그라든 몸을 일으켜세워 양껏 기지개를 켜 본다. 희한하게도 몸이 가뿐하다.

바람이 맵차다. 폐부 가득 들이마시며 몸속 이곳저곳의 먼지를 털어본다.

이내처럼 깔린 구름을 비집고 햇살이 몸을 펼치자 나뭇가지들은 은빛으로 화답을 한다. 밤새 그렇게도 나무와 바람이 몸을 부비더니 이렇게도 눈부신 상고대를 만들 줄이야. 바람에 섞인 물알갱이가 나뭇가지에 얼어붙어서 생겨나는 상고대는, 땅과 수직으로 쌓이는 눈꽃과 달리 땅과 수평으로 나뭇가지에 붙어 있다. 바람의 몸짓이다.

느긋이 아침을 먹고 모든 흔적들을 거둔 다음 백암봉을 향한다. 그 길이 곧 덕유평전을 가로지르는 길이다. 눈길에다 내리막길이지만 워낙 편안한 품새인지라, 머릿속으로 익은 봄의 철쭉과 원추리를 그려 보게 할 만큼 흥을 돋운다.

하나로 어우러진 전체에서는 크고 작음, 오르고 내림, 높고 낮음이 결코 맞선 말이 아니다. 우리의 옛 어른들이 우리 땅의 뼈대를 백두대간이라는 큰 줄기로 파악한 것도 그러한 인식의 결과일 것이다. 곧추선 높은 봉우리만 추켜세우는 식의 발상으로는 대간이라는 개념 자체가 성립될 수 없다. 따라서 백두대간을 걷는 행위는 정상을 정복(?)하는 일과는 성격을 달리한다.

인간 관계도 이러하다면 얼마나 좋을까. 어른과 아이, 상사와 부하, 잘난 사람과 못난 사람의 관계가 수직의 위계가 아니라 '도레미파솔라시도'가 만들어 내는 화음이나 '빨주노초파남보'로 이루어진 투명한 빛과 같을 수 있을 텐데.

이를 신경림 시인은 '산에 대하여'라는 시에서 이렇게 노래한다. 그리 짧지 않은 시이지만 어디 한 곳 뺄 데가 없어서 그대로 옮겨 본다.

산이라 해서 다 크고 높은 것은 아니다
다 험하고 가파른 것은 아니다
어떤 산은 크고 높은 산 아래
시시덕거리고 웃으며 나즈막히 엎드려 있고
또 어떤 산은 험하고 가파른 산자락에서
슬그머니 빠져 동네까지 내려와
부러운 듯 사람사는 꼴을 구경하고 섰다
그리고는 높은 산을 오르는 사람들에게
순하디순한 길이 되어 주기도 하고
남의 눈을 꺼리는 젊은 쌍에게 짐짓
따뜻한 숨을 자리가 돼주기도 한다
그래서 낮은 산은 내 이웃이던
간난이네 안방 왕골자리처럼 때에 절고

그 누더기 이불처럼 지린내가 배지만
눈개비나무 찰피나무며 모싯대 개숙에 덮여
곤줄박이 개개비 휘파람새 노랫소리를
듣는 기쁨은 낮은 산만이 안다
사람들이 서로 미워서 잡아죽일 듯
이빨을 갈고 손톱을 세우다가도
칡넝쿨처럼 감기고 어울어지는
사람사는 재미는 낮은 산만이 안다
사람이 다 크고 잘난 것이 아니듯
다 외치며 우뚝 서 있는 것이 아니듯
산이라 해서 모두 크고 높은 것은 아니다
모두 흰구름을 겨드랑이에 끼고
어깨로 바람 맞받아치며 사는 것이 아니다

행여 이 시를 읽고, 낮은 산에 대한 시인의 짙은 애정을, 높은 산에 대한 손가락질로 보는 일은 없을 것이다. 만약 그런 점이 있다면 그 대상은 높은 산이 아니다. 오로지 높은 데 오르기를 좋아하고, 높은 자리에서 군림하는 것을 출세로 여기는, 욕심 많고 포악한 일부의 인간을 향한 것이다. 산은 사람들과 다르다. 높은 산도 저절로, 낮은 산도 저절로, 절로 그렇게 선 것일 뿐이다. 마치 파도의 높낮이가 바다라는 한 몸의 순간적인 몸 바꿈이듯, 백두대간 또한 그렇게,

높은 산 낮은 산이라는 층하를 두지 않고 이 땅을 한 몸으로 얼싸안으며, 백두에서 지리까지 그렇게 물결쳐 흐르는 것이다.

백암봉에서 이번 산행의 목적지인 소사고개까지는, 지봉(1,302m)과 대봉이라는 봉우리를 넘는 동안 아기자기한 오르내림을 반복하다가, 대간을 가로지르며 무주와 거창을 연결하는 신풍령이라는 고갯마루에서 잠시 다리쉬임을 한 후, 덕유삼봉산(1,264m)으로 솟구쳐 올랐다가 급히 떨어지며 소사 마을에 이른다. 족히 한 마을은 넉넉히 거둘 만한 너른 들을 부려 놓은 대간은 다시 이름만큼이나 넉넉한 대덕산을 오른다.

이번 산행에서도 백두대간은, 또 새로운 모습을 보여 주었다. 특히 지봉과 대봉 사이 투구봉 갈림길 봉우리의 조망이 아주 빼어난데, 오던 길을 되짚어 보는 눈맛이 보통이 아니다. 지리산의 연봉들이 가로로 펼쳐 보이는가 하면, 오른쪽으로 향적봉이 잡힐 듯 가깝고 왼쪽으로 멀리 가야산이 탑을 쌓아올린 듯한 모습으로 층층 산을 이루며 솟아 있다. 그런 기품과 팔만대장경의 위엄이 참으로 잘 어울린다는 생각이 든다.

아무튼 우리는 지금, 자연이라는 경전의 백두대간 부분을 온몸으로 읽어 가고 있다.

2000년 1월 16일

하나로 어우러진 전체에서는 크고 작음, 오르고 내림, 높고 낮음이 결코 맞선 말이 아니다. 우리의 옛 어른들이 우리 땅의 뼈대를 백두대간이라는 큰 줄기로 파악한 것도 그러한 인식의 결과일 것이다.

삼봉산에서 바라본 백두대간의 연봉들. 파도의 높낮이가 천차만별이어도 본시 바다의 일부분이듯, 높은 산 낮은 산도 우열이 있을 수 없는 한몸이다.

초점산 · 대덕산

버림으로써

크게 얻는

겨울 산의 미학

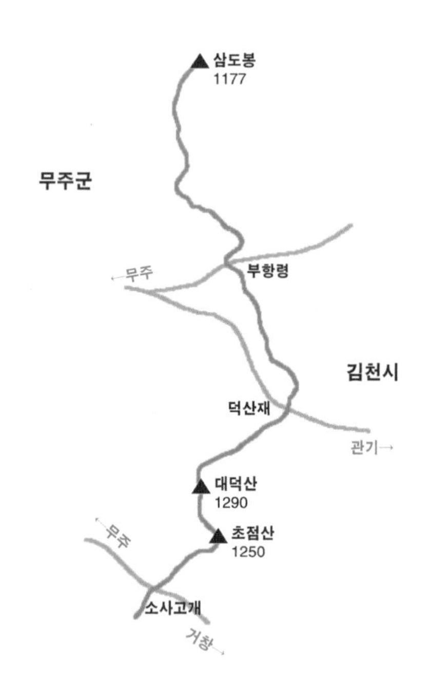

소사고개에서 다시 신발 끈을 조인다. 덕유삼봉산(1,264m)을 급하게 내려선 백두대간이 이곳에서부터 서서히 몸을 들어 올려 대덕산(1,290m)을 향하기 때문이다. 전라도 사람과 경상도 사람이 서로 등을 긁어주며 사는 이 고개는, 경남 거창군 고제면 봉계리와 전북 무주군 무풍면 덕지리를 연결하는 곳으로, 1천 미터가 넘는 산 사이에 끼어 있지만 비탈이 야박스럽지 않은 탓에 제법 너른 들녘을 끼고 있다. 그리고 그곳에는 소사 마을과 같은 네댓 개의 작은 마을이 산새들과 함께 작지만 평화로운 삶을 엮어가고 있다.

이름 그대로 대덕산(大德山)은 덕망이 높은 고승의 풍모를 지니고 있다.

둥그스름하고 투실한 두 개의 봉우리가 남북으로 이어진 군더더기 없는 모양새는, 하늘금 어디에고 모난 구석을 찾을 수 없을 만큼 원만하다. 그러나 실제로는 그리 호락호락한 산이 아니다. 역시 주름이 첩첩이다. 저기다 싶어 올라서면 다시 내려서야 하는 일을 몇 번이고 반복해야 한다. 그렇게 세 시간(겨울인 경우)쯤 다리품을 팔면 둥싯 솟은 남쪽 봉우리 위에 올라설 수 있다. 이 봉우리가 바로 초점산(1,250m) 정상이다. 먼 눈으로 보면 싸잡아 대덕산의 한 봉우리 같지만 어엿한 제 이름을 가진 산이다. 또한 이 봉우리는 전라북도의 무주, 경상북도의 김천, 경상남도의 거창을 가른다 하여 삼도봉이라고도 불리는데, 우리가 가야 할 민주지산의 삼도봉과 이름이 같다. 특히 이 산에서부터 백두대간은 동쪽을 향해 우람한 가지 하나를 벋어 내린다. 수도산과 가야산의 줄기가 바로 그것이다. 백두대간이 이 땅의 등뼈임이 이로써 또 한번 증명된다.

초점산에서 대덕산 정상까지는 그리 어려운 길은 아니다. 가파른 내리막으로 뚝 떨어졌다가 다시 솟구치기를 몇 번 반복하면, 억새풀 무성한 사이로 조록싸리가 내어주는 편안한 오름길 끝에 펑퍼짐한 봉우리가 기다리고 있다. 사방 어디에고 거칠 것이 없다. 좌우로 무주군 무풍면과 김천시 대덕면의 작은 마을이 골골이 들어찬 모습이 보인다. 그 모습들이 마치 엄마 품에 안긴 젖먹이 같다. 또한 이 산의 왼쪽 골짝에서 발원하는 무풍천과 오른쪽 골짝에서 발원하는 감천은 저마다 금강과 낙동강을 살찌운다.

대덕산에서 덕산재를 향하는 백두대간은 한참 동안 허리를 낮춘다. 이런 경우, 산길을 걷는 사람은 오히려 실망스럽다. 내리막의 편안함보다는 오르막의 괴로움을 먼저 예감해야 하기 때문이다. 그러나 정상에서 한 마장쯤 내려선 곳에서 샘을 발견하고는, 혼자만의 비밀 장소에 들어온 아이마냥 다시 달뜬다. 샘을 둘러싸며 오종종 늘어선 조릿대 푸른 잎도 샘물에 청량함을 더한다.

한 줄기 싸한 바람이 날씬한 포장도로 위를 무리지어 건너고 있다. 어느새 덕산재(640m)다. 경북 김천시 대덕면과 전북 무주군의 동쪽 끝인 무풍면을 잇는 고갯마루다. 입춘이 지났다고는 하나 높이가 높이인 만큼 바람이 예사롭지 않다. "이월 바람에 검은 쇠뿔이 오그라진다"는 옛말이 생각난다.

덕산재를 뒤로 한 백두대간은 해발 800m 정도의 고도를 오르내리며 부항령을 향한다. 덕산재에서 두어 시간 거리에 있는 부항령은 경북 김천시 부항면과 전북 무주군 무풍면을 이어주는 백두대간의 오래된 고갯길로, 『신증동국여지승람』에도 부항현(釜項峴)이라는 이름으로 기록되어 있다. 부항령의 오랜 내력을 일러주는 또 다른 흔적은 고갯마루 직전의 산성 터에서도 읽을 수 있다. 벽돌 몇 장을 포개놓은 정도의 막돌로 쌓은 산성 터는, 예나 지금이나 금 그어놓고 싸우기 좋아하는 인간사의 어두운 단면을 보여 주는 것 같아 발길을 조금은 무겁게 한다. 그러나 지금의 부항령(680m)은 고개로서의 기능을 완전히 잃어버렸다. 대신 옛고개 바로 밑으로 삼도봉 터널(618m)이라는 이름의 굴이 뚫려 경북 김천시 부항면과 전북 무주군 무풍면을 이어주고 있다.

겨울의 끄트머리인 2월의 산행은 산의 몸통을 여실히 보게 한다. 민주지산(1,242m)의 동쪽 끝 봉우리인 삼도봉을 향하는 백두대간은 더욱 그렇다. 주름이 깊어 볕이 들지 않는 쪽의 기슭에만 남아 있는 하얀 눈은 산의 근육을 선명히 하고, 잎 떨군 나무들의 허허로운 모습은 오히려 꽉 찬 느낌을 준다. 모든 것을 버림으로써 모든 것을 가지는 역설의 미학. 바로 겨울 산의 아름다움이다.

이렇듯 겨울 산은, 현상에 대한 집착이나 고정 관념, 편견으로부터 벗어나라는 무언의 가르침을 베풀고 있다. 그러나 여름 산에서는 이런 느낌이 쉽게 다가오지 않는다. 너무 많은 걸 가졌기 때문일까. 그래서 삶과 죽음이 맞닿은 경계에 가 본 사람일수록 눈빛이 깊고 그윽해지는 모양이다.

드디어 삼도봉(1,177m)이다. 말 그대로 경북(김천)과 전북(무주) 그리고 충북(영동)이 만나는 곳이다. 그런데 이곳에는 산과는 전혀 어울리지 않는 조형물이 있다. 이른바 '삼도봉 대화합 기념탑' 이라는 게 그것인데, 산의 경관을 해치는 것을 넘어 흉물스러워 보일 정도다.

사실 도가 만나는 경계에 가 보면, 불화니 화합이니 하는 말이 끼어들 틈이 없다. 그냥 이웃일 뿐이다. 그렇다면 오늘날 망국병이라고까지 말하는 '지역 감정' 이라는 것은 어디서 연유한 것일까. 감히 단언하건대, 정치인들의 농간이다. 지역 감정을 부추겨 자신들의 잇속만 챙기고는 짐짓 아닌 체하며 산꼭대기까지 파헤치는 억지를 부리는 것이다. 돌 조각을 세워서 화합만 된다면 삼천리 방방곡곡 봉긋이 솟은 데라면 어디고 세워도 좋다. 그러나 그게 그런다고 될 일인가. 실로 해답은 간단하다. 애꿎은 산 깎아 돌덩이 세워 화합 운운할 일을 저지르지만 않으면 된다.

삼도봉에서 괴상한 조형물을 보며 느낀 실망감을 몇 배로 보상받을 길이 있다. 백두대간 길에서 잠시 벗어나 북서쪽으로 한 시간 남짓 걸어가면 민주지

산의 석기봉 남서쪽 기슭에서 부처님을 만날 수 있다.

석기봉 남서쪽 기슭에 있는 이 부처님은 아주 특이한 모양을 하고 있다. 불두가 셋이어서 이름도 삼두마애불인데, 조각 수법이 소박하여 예술성 따위를 따질 일은 아니지만 질박한 맛이 오히려 친근감을 더해주는 마애불이다. 편단우견에 반가부좌를 한 모습 위로 불두 셋이 탑을 쌓은 것처럼 크기를 줄이며 하늘로 솟구쳐 있다. 수많은 중생들의 비원을 다 들어주기 위한 천백억 화신의 상징으로 그렇게 나투신 게 아닌가 하는 상상을 하게 한다. 또한 삼두마애불 아래에는 사철 마르지 않는 샘이 있어, 숨이 턱에 닿을 듯 산에 오른 사람들의 갈증을 달래준다.

삼도봉에서 내려오는 길은 물맛 좋기로 유명한 '물한계곡'을 택했지만 물은 보이지 않는다. 계곡이 온통 얼어붙었기 때문이다. 그러나 얼음장 아래로 계곡물은 돌돌돌 경쾌한 소리를 내며 쉼없이 흐르고 있고, 물한리를 벗어난 들녘 부근에서는 버들가지가 꽃을 피워 올리며 봄마중 채비를 하고 있다.

2000년 2월 13일

겨울 산행은 산의 몸통을 여실히 보게 한다. 주름 깊어 볕 들지 않는 기슭의 눈은 산의 근육을 선명히 하고, 잎 떨군 나무들의 허허로운 모습은 오히려 꽉 찬 느낌을 준다. 모든 것을 버림으로써 모든 것을 가지는 역설의 미학. 바로 겨울 산의 아름다움이다.

초점산과 대덕산 원경. 초점산은 삼도봉이라고도 불린다. 전라북도 무주, 경상북도 김천, 경상남도 거창을 가른다 하여 붙은 이름이다. 또한 이 산에서 커다란 가지줄기 하나가 뻗어나가는데 가야산이 이 줄기에서 비롯된다.

삼도봉 · 황악산

새의 눈을 얻다

입춘 · 경칩 다 지나서 마음속엔 벌써 아지랑이가 가물거리는데, 산봉우리엔 아직 눈이 남아 있다. 아니, '남아 있다'는 말은 온당치 못한 표현이다. 내려올 때보다 더 조용히, 하늘 저 깊은 곳으로 돌아가고 있는 중이다. 그래서 봄은 고양이 걸음으로 온다. 자연의 순환은 은밀하고도 섬세하다. 따라서, 이즈음에 산을 오르는 사람들은 계절의 교대라는 엄숙한 제의에 동참하는 사람들이다. 그렇기 때문에 봄 산행은 야단스럽지 않아야 한다. 천천히 아주 천천히, 저만치 오던 봄이 화들짝 놀라 달아나지 않게 조심조심 걸어야 한다.

삼도봉을 지나 삼마골재에 이르러 물한계곡을 부려 놓은 백두대간은 다시 허리를 들어 올려 꿈길인 양 아득한 능선이를 첩첩이 이어간다. 이곳에서부터는 전라도 땅에서 완전히 벗어나게 되는데, 추풍령을 지나 국수봉에 이르기까지는 좌우로 충청북도와 경상북도를 끼고 간다.

삼마골재에서 질매재까지는 고만고만한 봉우리들이 이어지지만 그리 만만하지는 않다. 밀목재에 이르기 전에는 마치 오던 길을 되짚어가는 느낌이 들 정도로 오른쪽으로 심하게 굽어 돌아야 하고, 화주봉(1,207m) 앞 암봉(1,175m)을 지나서는 깎아지른 듯한 암릉을 조심조심 내려서야 한다. 그러나 이 두 봉우리 다 조망이 탁월하므로 오르내린 수고가 마냥 괴로운 것만은 아니다. 특히 화주봉에서는 앞으로 가야 할 질매재 쪽 등성이뿐 아니라 뒤로 민주지산의 연봉을 비롯하여 덕유산, 덕유삼봉산, 초점산, 대덕산에 이르기까지 오던 길을 찬찬히 되짚어보게 한다.

산행의 즐거움 중 으뜸으로 꼽을 만한 것이 바로 조망(眺望)이다. 대롱눈으로는 결코 볼 수 없는 것들이 일망무제로 펼쳐지는가 하면, 바라보는 위치와 각도에 따라 완전히 다른 느낌의 정경을 보여 준다. 편협한 인간의 시각을 교정하는 데는 더없이 훌륭한 스승이다.

특히 백두대간 위에서의 조망은 홀로 우뚝선 봉우리에서 바라보는 것과는 천지현격이다. 이 땅의 등줄기가 어떻게 이어지고 가지치며 물을 가르고 땅을 나누어 이 민족을 거두어 왔는지를 알게 한다. 백두대간에 서야만 비로소 이 땅에 대한 유기적이고도 입체적인 인식의 지평이 열리는 까닭이 거기에 있다.

화주봉에서부터 질매재까지는 편안한 내리막길이다. 질매재(730m)는 충청북도 영동군 상촌면과 경상북도 김천시 구성면을 넘나드는 고갯마루인데, 우두령(牛頭嶺)이라고도 불린다. 이는 이 고개의 생김새가 '질매' 같다고 해서

붙여진 이름인데, '질매'란 소 등에 짐을 싣거나 수레를 끌 때 안장처럼 얹는 물건인 '길마'의 이 고장 사투리다. 이런 고개 이름은 전국적으로 널리 퍼져 있다. 그런데 이 이름을 한자화하면서 생겨난 이름인 '우두령'을, 국립지리원에서 발행한 지도에조차 별개의 곳인 양 표기하는 것은 빨리 바로잡혀야 할 일로 보인다.

질매재에서 동쪽으로 휘돌다가 다시 북쪽으로 허리를 곧추세우는 오름길은 저물녘에도 햇살이 미치지 않는 곳이 없을 만큼 넉넉하다. 방긋 웃는 봄꽃과 도란거리며 걸을 수 있다면 더 좋을 텐데, 아직은 이르다. 계속 오르면 바람재로 내려서기 전에 봉싯 솟아 사방을 둘러볼 수 있게 하는 삼성산(986m)에 이른다. 말만 들어도 한무리의 바람이 거침없이 안겨들 것 같은 바람재(810m)는 말 그대로 바람의 길이다. 이곳의 바람은 대단히 고밀도다. 수백 년 켜를 다져온 목질 단단한 나무의 속살 같다고 할까.

이 고갯마루에는 김천시 대항면 주례리에서 올라오는 임도가 닦여 있는데, 거기에 더하여 널따란 헬기장과 미군들이 주둔하다가 버리고 간 벙커, 김천시에서 세운 무선 통신 증폭 안테나까지 세워져 있어 황량함을 더한다. 바람재에서 황악산 정상인 비로봉(1,111m)까지는 다투어 오르지 않아도 한 시간 남짓이다. 형제봉(1,020m)에서 내려섰다가 다시 올라서면 바로 정상이다. 동쪽으로 산자락이 다한 곳에 418년(신라 눌지왕 2년) 아도화상이 창건했다는 대한불교 조계종 제8교구 본사인 직지사가 눈에 들어온다. 고개 들어 먼 눈길을 주면, 툭 트인 시야로 김천 시가지는 물론 추풍령을 향해 내달리는 경부고속도로도 들어오고, 금오산과 가야산도 가늠이 된다.

황악산(黃嶽山)의 이름 내력은 딱히 밝혀진 것이 없는데, 국립지리원에서 발행한 5만분의 1 지도에는 황학산(黃鶴山)이라고 적혀 있다. 『신증동국여지승람』이나 「대동여지도」, 『택리지』 같은 문헌에는 황악산이라고 적혀 있으니 황학산은 분명 오기인 듯하나, 산의 모양새로 봐서는 '악(嶽)' 자에 의구심을 가질 만하다. 산 자체가 흙산인데다 봉우리 또한 두리뭉실하니 말이다. 그러나 속리산과 이 산 사이의 형세를 보면 의문이 풀린다. 무슨 말인고 하니, 북에서부터 남으로 내리뻗은 백두대간이 속리산을 지나서 황악산에 이를 때까지는 이렇다 할 산을 솟구쳐 올리지 못하고 있다는 사실이다. 쉽게 말해 속리산과 황악산 사이에는 1천 미터가 넘는 산이 하나도 없다. 물론 높다고 무조건 명산인 것은 아니지만, 명산이 갖출 요건들인 수목, 계곡, 물, 형세 따위에서 썩 내세울 만한 산이 없던 차에, 자태도 우람하고 그윽한 계곡도 품에 안은 황악산을 만나고 보니 주저없이 '악' 자를 붙이지 않았겠느냐 하는 얘기다.

황악산 정상에서부터는 아래로 굴러 떨어지는 속도에 적당히 제동을 걸기만 하면 직지사로 내려가는 갈림길에 닿는다. 내쳐 올라서면 여시골산으로 향하게 되고, 오른쪽으로 급하게 떨어지는 길을 택하게 되면 직지사다. 갈 길이 아무리 급하더라도, 진짜로 여우가 나타나 아홉 꼬리로 홀리더라도, 직지사를 둘러보지 않을 수는 없을 것 같다.

2000년 3월 6일

자연의 순환은 은밀하고도 섬세하다. 때문에 봄 산행은 야단스럽지 않아야 한다. 천천히 아주 천천히, 저만치 오던 봄이 화들짝 놀라 달아나지 않게 조심조심 걸어야 한다.

황악산 · 추풍령

움직이는 숲

심장 박동만 있을 뿐 모든 운동 기능이 정지된 사람을 일러 '식물인간' 이라 한다. 하지만 이는 사람과 식물 모두에게 중대한 결례다. 사람됨의 기준을 식물의 붙박이성에 빗댄 것도 그렇거니와, 식물의 속성을 광물질과 같이 고정된 면에서만 찾았다는 점에서는 더욱 그렇다.

식물이 움직이지 못한다는 생각은, 모든 식물을 한 그루 혹은 한 포기 단위로 볼 때나, 화병의 꽃을 두고 말할 경우에나 옳다. '숲' 은 보지 않고 오직 '나무' 만 바라봤을 때나 옳은 말인 것이다. 굳이 과장하여 민들레 홀씨의 비행을 들먹이지 않더라도, 식물이 움직이지 못한다는 생각은 인간 중심의 사고에 갇힌 단견에 지나지 않는다.

식물의 움직임이란, 한 알의 씨앗이 숲으로 바뀌어가는 것과 같은 거대한 흐름이기도 하지만, 낮과 밤 그리고 봄 · 여름 · 가을 · 겨울에 따라 변하는 숲의 표정 같은 것인지도 모른다. 더욱이 그러한 변화 양상은 시계의 시침과 같은 것이어서, 인간의 지각 능력으로는 포착할 수 없다.

그러나 봄 깊은 날 산에 들면, 약간의 인식 전환만으로도 숲의 움직임을 느낄 수 있다. 솔 숲에서, 참나무 숲에서, 혹은 진달래 무더기 속에서, 닮았으되 똑같지는 않은 그 모습들에서, 한 알의 솔씨나 도토리가 숲을 이루어가는 거대한 몸짓을 느낄 수 있다.

목련과 진달래가 봄마중 채비에 한창이고, 고로쇠나무들이 수액을 빨아올리느라 부산한 황악산의 능여계곡을 거슬러올라 백두대간의 마루에 선다. 왼쪽으로 계곡을 따라 내려서면 어촌저수지 방향이고 오른쪽으로는 직지사 운수암이 지척인 곳이다. 이곳에서부터 백두대간은 저 멀리 충청도 보은 땅의 속리산에 이를 때까지, 이름이 무색하리만치 몸을 낮추어 고만고만한 봉우리들을 이끌고 간다. 그런 만큼 그 어느 곳보다 사람들의 발길이 부산한 곳이기도 하다.

여시골산의 정상을 오른쪽에 두고 올망졸망한 봉우리를 오르내리는 대간길은, 아이들이 야트막한 동네 뒷산을 오르내리는 정도로 생각하면 된다. 그렇게 한 시간 남짓 콧노래라도 흥얼거리다 보면 괘방령으로 내려서는 긴 내리막을 맞닥뜨리게 된다. 내리막을 다 내려서면 괘방령(掛榜嶺)이다.

충청북도 영동군과 경상북도 김천시를 잇는 977번 지방도로 위에 있는 이 고갯길은, 지금이야 한가로운 시골길에 지나지 않지만, 사람의 두 다리가 주요

교통 수단인 시절에는 꽤나 시끌벅적한 고갯마루였다고 한다. 이 고개는 관로(官路)로 쓰이던 추풍령과 달리 일반인들이 즐겨다니던 상로(商路)였다. 더욱이 '말이 씨가 된다' 고 믿는 이른바 '언령의식(言靈意識)' 이라는 것은 뿌리가 깊어서, '추풍 낙엽(秋風落葉)' 을 연상시키는 추풍령을 넘기가 께름칙한 사람들은 모두가 이 고개를 이용했을 것이다. 특히 과거를 보러 가는 사람들은 급제자들의 이름이 나붙는 '방(榜)' 이라는 글자에 더욱 집착했으리라는 것은 쉽게 추측할 수 있겠다. 그러나 이런 얘기들도 그대로 다 믿기는 힘든 것이, 『신증동국여지승람』에 '괘방현(卦方峴)' 으로 표기가 되어 있기 때문이다. 아마도 '추풍' 이나 '괘방' 이라는 말의 어감에 따른 후세 사람들의 의미 부여가 오늘의 이름으로 바꾸어 놓은 게 아닌가 싶다. 또한 이 고개는 임진왜란 때 박이룡이라는 의병장이 퇴각하는 왜군에게 혼찌검을 내준 곳이기도 하다. 어쨌거나 지금은 추풍령에 밀려 이름도 희미해진 곳이긴 하지만, 영동과 김천을 오가는 요긴한 교통로의 구실은 하고 있다. 김천에서 추풍령을 향하다 직지사 길로 접어들어서 오른쪽으로 빠지면 괘방령이다.

괘방령을 지난 백두대간은 가파르진 않지만 긴 오름길을 이루며 가성산을 향한다. 따스한 햇볕에 꽃샘바람이 그리 싫지 않은 때는, 걷다가 꽃 보고 꽃 보다 쉬어가도 한두 시간이면 정상에 이를 수 있다. 꽃샘바람이라는 것도 괜한 시샘으로만 볼 일이 아니다. 사람들로부터는 나른함을 거두어 가고, 꽃들에게는 흐드러지게 피었다 순식간에 지지 말라는 배려의 손길이기도 하므로.

가성산 정상에서 남서쪽으로 약간 비껴선 산줄기 끝에서 바라본 황악산의 모습은, 지금까지 보아온 황악산의 모습 중 가장 근사하다. 덕스러우면서도 기운차고, 우뚝하면서도 오만하지 않은 그 모습은, 과연 직지사라는 대찰이 깃들 만한 곳이라는 생각이 들지 않을 수 없게 한다.

가성산 정상에서 지척으로 보이는 눌의산 정상까지도 그리 힘들지는 않지만, 그 사이에 장군봉(606m)이 걸터앉아 있으므로 근육의 긴장을 마냥 풀 수는 없다. 오른쪽으로 김천 공원묘지가 내려다보이는 가성산과 장군봉 사이의 골짜기가 워낙 깊기 때문이다.

대간 마루 어디에고 무덤은 있지만 장군봉을 오르는 길 이곳저곳에는 유독 무덤이 많다. 산 사람에게 편안한 산은 죽은 사람에게도 편안해서일까? 아니면 명당을 찾을 형편이 못 되는, 그렇고 그런 가문의 후손들이 백두대간에 기대어 발복해 보려는 심사 때문에서일까?

장군봉을 넘어 제법 높다란 봉우리 하나를 또 넘으면 넓다란 헬기장이 닦여 있는 눌의산(743m) 정상이다. 이곳에서는 뛰어내리면 한달음에 닿을 듯 추풍령이 발끝에 걸린다. 동쪽으로는 추풍령 휴게소가 길에서 만나면 반가울 사람을 떠올리게 하고, 동북쪽으로는 추풍령면이 한눈에 들어온다. 도심의 번잡이 싫은 나머지, 배낭을 꾸리면서부터 콧노래로 시작되는 산행이건만, 웬일인지 바삐 추풍령을 넘나드는 차들을 보니 또 다른 곳으로 떠나고 싶은 마음이 동한다.

눌의산을 내려와 추풍령이라는 고갯길을 내어준 백두대간은, 형세도 희미할 뿐 아니라 등성이도 조금은 애매하다. 평지에 가까워 보일 정도로 몸을 풀어 버리기 때문이다. 그러나 4번 국도상의 본래 추풍령에서 자세히 살펴보면, 분수령으로서의 본래 모습은 잃지 않고 있음을 알 수 있다. 북서쪽의 물은 모두 금강으로 흘려보내고 남동쪽의 물은 모두 낙동강을 살찌우는 분수령의 구실을 분명히 해내고 있는 것이다.

"구름도 자고 넘고 바람도 쉬어 가는"으로 시작되는 가수 남상규의 노래로 이 고개를 기억하는 분들에게는 실망스런 얘기가 될지 모르지만, 추풍령은 그런 고개가 아니다. 백두대간을 넘는 유일한 고속도로(대관령을 넘는 영동고속도로는 국도와 혼합 구간이다)로 우리나라에서 가장 바쁜 고갯마루이지만, 높이라야 200m 남짓인데다 나그네들도 쉬어가기는커녕 휑하니 스쳐가는 그런 고개이기 때문이다. 아무튼 추풍령에 관해서는 몇 가지 세간의 오해가 있다. 그 얘기는 다음으로 미룬다.

2000년 3월 20일

봄 깊은 날 산에 들면 숲의 움직임을 느낄 수 있다. 솔 숲에서, 참나무 숲에서 혹은 진달래 무더기 속에서, 닮았으되 같지 않은 그 모습들에서, 한 알의 솔씨나 도토리가 숲을 이루어가는 거대한 몸짓을 느낄 수 있다.

경부고속도로가 뚫린 후 우리나라에서 가장 부산한 고개가 되어 버린 추풍령. 그러나 가수 남상규의 노랫말처럼 '구름도 자고 넘고 바람도 쉬어 가는' 그런 고개가 아니다.

추풍령 · 국수봉 · 큰재

아이들은 다 어디로 갔을까

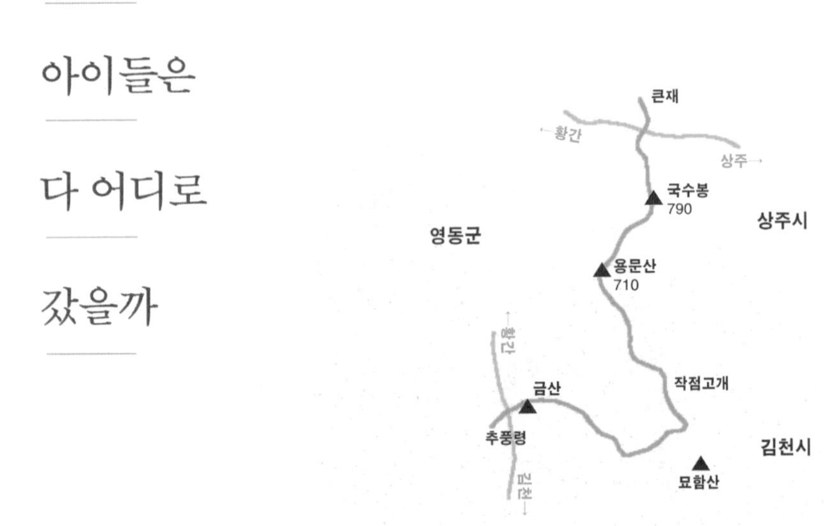

봄 산은 그대로 꽃이다. 다투어 피어나는 연초록 새싹과 소나무의 짙푸름이 이루는 조화는 '초록은 동색' 이라는 말을 무색하게 할 만큼 다채롭다. 거기에 더하여 산벚꽃이라도 점점이 흩뿌려지고, 산기슭 이곳 저곳에 분홍빛 진달래가 꽃물을 들이기라도 하면, 산은 그 모습 그대로 커다란 꽃이 된다.

봄 산, 이 거대하고 찬란한 생명의 꽃봉우리를 어떻게 표현해야 할까. 말문이 막힌다. 하지만 오히려 안심(安心)이다. 새들의 노랫소리가 더없이 청명하다. 어설픈 수작을 거두니 귀도 밝아지는 모양이다. 짝짓기가 한창인 새들의 노랫소리엔 꽃물이 배어 있다. 어디 엄마 품 같은 기슭에 기대어 내 몸에도 꽃물이나 들일까 보다.

영마루에 서서, 바람도 쉬어 넘고 구름도 자고 간다는 추풍령 마루에 서서 사방을 둘러본다. 쉬어 넘는 바람도, 자고 가는 구름도 없다. 애당초 추풍령은 고개랄 것도 없는 고개이기 때문이다. 일찍이 이중환도 『택리지』에서, 백두산에서 태백산까지의 산에 대해서는 "모두 어지러운 산이고 깊은 두메이며, 위태로운 봉우리와 겹쳐진 멧부리"라 했지만, 태백산에서 소백산을 거쳐 남으로 이어지는 산줄기에 대해서는 "태백산과 비교할 바가 못 된다"고 적고 있다. 특히 "속리산 아래에 있는 화령과 추풍령은 작은 영"이라 하고는, "작은 영이라 하는 것은 평지에 지나간 산맥"이라는 자상한 설명까지 곁들여 놓았다. 그렇다. 추풍령은 평지나 다름없는 백두대간의 등성을 넘나드는 야트막한(약 210m) 고갯길이다.

그러나 지금은 이 땅의 으뜸 고개이자 가장 부산한 백두대간의 마루가 되었다. 조선시대까지만 해도 맏형뻘이던 문경 새재의 지위를 경부고속도로의 개통(1970년 7월 7일)과 함께 고스란히 옮겨온 것이다. 국토의 남북을 연결하는 관문으로서의 지리적 의미가 도로에 의해 재조정된 좋은 예라 하겠다. 하지만 엄격히 말하면 경부고속도로 위의 추풍령은 백두대간의 마루를 지나는 고개는 아니다. 백두대간의 한 부분인 눌의산 자락을 타고 넘긴 해도 마루에서는 남쪽으로 살짝 비껴앉아 있다는 얘기다. 더욱이 추풍령 휴게소에는, 해발 고도는 230.5m이고 경부고속도로 214km 지점에 있다는 설명과 함께 "옛날에는 문경 새재와 함께 한양을 잇는 유일한 통로였다"고 큼직한 글씨로 써 놓았는데, 이는 사실 왜곡에 가깝다. 옛날의 추풍령은 새재는 물론 죽령에 비추어도 비중이 미미한 길이었다. 사족삼아 한마디 더 보탠다. 백두대간의 마루를 지나는 추풍령은 4번 국도 위의 것이 진짜다.

추풍령을 지난 백두대간은 살짝 허리를 들어 올려 금산(384m)을 오른다. 그러나 금산의 북쪽 귀퉁이는 거의 헐리다시피하여 아슬아슬한 벼랑을 이루고 있다. 이 땅의 척추가 거의 동강이 날 지경에 이른 것이다. 그런데 이 아담한 돌산의 상처는 오늘 시작된 게 아니고 두 세기에 걸칠 만큼 뿌리가 깊다. 일제 강점기 때 이미 석재를 얻기 위해 파먹어들어가기 시작한 것이다. 더욱이 1980년대 후반, 추풍중학교 운동장에서 찾아낸 일제가 박은 쇠말뚝과 연결짓고 보면, 단순히 석재를 얻기 위해 석산을 개발한 것이 아니라 이 땅의 정기를 끊기 위한 숨은 의도가 있었음을 짐작하기는 어렵지 않다. 다행히 해방과 함께 더 이상의 훼손은 중단되었지만 1962년 철도용 자갈을 구한다는 이유로 다시 헐리기 시작하여 지금까지 계속되고 있다.

이미 만신창이가 되어 벼랑을 이룬 산꼭대기에 서니, 곧 무너져내릴 듯 어지럽고도 아찔하다. 결코 높이가 주는 아찔함이 아니다. 경제 논리의 완고한 관성과 이미 통제력을 상실한 개발이라는 이름의 파괴가 일으키는 현기증이다.

다행히 금산을 벗어난 백두대간은 아늑함으로 이어진다. 사방으로 보이는 게 없다 보니 오히려 산의 속 깊음을 느끼게 된다. 덕분에, 조금 전의 생채기를 쉽게 기억 저 귀퉁이로 밀쳐낼 수 있다.

이마에 송글송글 땀방울이 맺히기 시작하자 왼쪽으로 추풍령 저수지가 눈으로나마 갈증을 달래준다. 지천으로 피어난 생강나무 노오란 꽃을 보며 걷노라니, 내 모습이 마치 첫나들이에 나선 병아리인 듯싶다. 괜히 뛰뚱거려 본다. 걷는 즐거움이 색다르다.

이렇게 걸어도 두어 시간 남짓이면 사기점고개. 임도를 따라 10분쯤 나아가니 묘함산이 코앞이다. 이곳에서는 묘함산을 뒤로 하고 시멘트 포장이 된 날씬한 도로를 따라 한참 내려간다. 발의 감촉이 유쾌하진 않지만 통신 중계소가 괴물처럼 올라앉은 묘함산을 오르는 것보다는 훨씬 좋을 듯싶다.

추풍령에서부터 묘함산 아래까지 거의 동쪽을 향하던 백두대간은 묘함산에서 다시 북쪽으로 허리를 튼다. 이 지점에서부터 추풍령면과 김천시 어모면을 잇는 고갯길(작점고개)을 가로질러 봉우리 하나를 넘으면 용문산 아랫자락이다. 이곳에는 조망이 좋을 뿐 아니라 쉬어가기 맞춤한 헬기장도 있다.

용문산(710m) 정상에서 국수봉 사이는 파도타기를 하듯 오르내림을 거듭한다. 그런데 이 부근에는 용문산 아래의 기도원에서 만든 엉성한 콘크리트 제단이 눈에 띄어 눈살을 찌푸리게 한다. 자연을 훼손시키지 않는 것이야말로 참된 기도라는 사실을 왜 모를까.

전망대 바위에서 크게 내려섰다 다시 솟구치면 국수봉이다. 눈 아래로는 상주시 공성면과 외남면에 걸치는 너른 벌판이 한눈에 들어온다. 먹지 않아도 주린 배를 달랠 수 있을 정도로 눈맛이 넉넉하다. 뒤로 둘러쳐진 속리산 일대의 연봉들도 다시 두 다리의 힘줄을 불끈 살려낸다.

국수봉에서부터 한 시간 가량 줄곧 내리막길에 몸을 맡기면 큰재에 닿는다. 상주시 모동면과 공성면을 잇는 이 고개 또한 높이가 330m 정도에 불과한 편안한 고갯마루다. 공성면 쪽으로는 제법 경사가 가파르지만 모동면 쪽으로는 높낮이가 희미할 정도다. 하지만 이 고개는 특별한 의미가 있다. 백두대간 위의 유일한 학교가 이곳에 있다. 하지만 지금은 폐교가 되어 우리 농촌의 피폐한 현실을 증언할 뿐이다. 옥산초등학교 인성분교였던 이 학교는 지금은 부산녹색연합에서 백두대간 생태학교라는 간판을 달아 놓았지만 전혀 관리를 하지 않아 을씨년스러움만 더한다.

교정 한 귀퉁이에 천막을 치고 나니 하늘엔 어느 새 별이 초롱하다. 대간마루에서 뛰놀던 이 학교 아이들의 눈망울인 것 같아서 가슴 한 귀퉁이가 아릿해 온다. 그들은 지금 무엇을 할까. 아직도 고향을 지키고 있을까? 아니면, 이 글을 쓰는 이 순간의 나처럼, 서울 어느 귀퉁이에서 별도 숨이 막혀 질식해 버린 하늘을 올려다보고 있을까?

2000년 4월 3일

봄 산은 그대로 꽃이다. 연초록 새싹과 소나무의 짙푸름이 이루는 조화. 거기에 더하여 산벚꽃이라도 점점이 흩뿌려지고, 산기슭 곳곳 진달래 꽃물이라도 들이면 산은 그 모습 그대로 커다란 꽃이 된다.

큰재 · 봉황산 · 갈령

잡목은

없다

진달래 꽃그늘을 드리웠던 자리엔 어느 새 녹음이 짙다. 죽은 듯 앙상한 가지 위로 기적처럼 붉은 빛을 토해 내던 그 곱던 봄빛이 아직도 화인처럼 기억에 생생한데, 성큼 여름이 다가서고 있는 것이다.

바람이 속살까지 푸른 물을 들이고 나면 소나무는 화답하듯 노오란 꽃가루를 실어 보내고, 별안간 빗방울이 듣기라도 하면 기다린 듯 참나무는 '후두둑' 소리로 장단을 맞춘다. 그야말로 상생과 조화의 극치다. 지금 우리의 산하는 온몸으로 그것을 가르치고 있다.

아이들이 떠나간 자리를 확인이라도 시킬 듯, 오종종 돋아난 들풀만이 빈 교정을 지키고 있는 상주시 공성면 옥산초등학교 인성분교에서부터 백두대간의 품 속에 안긴다.

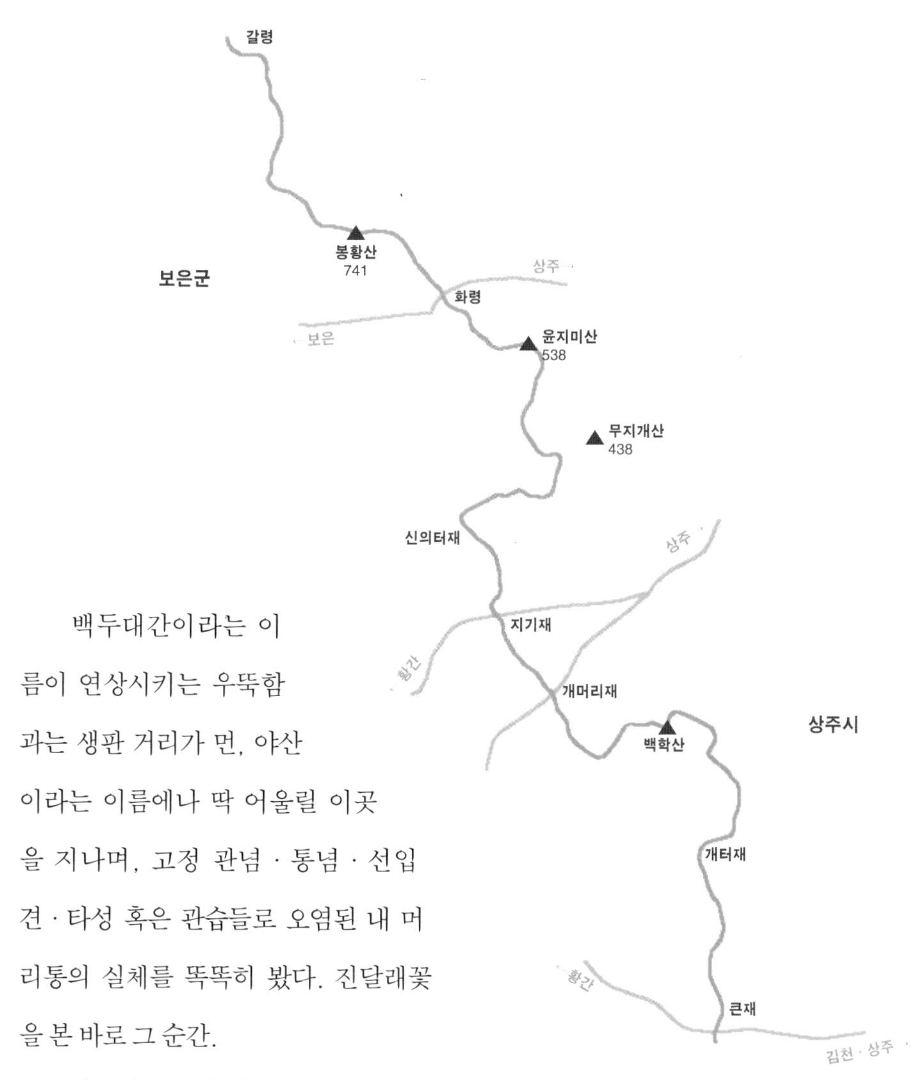

백두대간이라는 이름이 연상시키는 우뚝함과는 생판 거리가 먼, 야산이라는 이름에나 딱 어울릴 이곳을 지나며, 고정 관념 · 통념 · 선입견 · 타성 혹은 관습들로 오염된 내 머리통의 실체를 똑똑히 봤다. 진달래꽃을 본 바로 그 순간.

지금껏 수없이 봐왔고 봄이면 으레 피는 꽃으로만 여겼던 그 평범한 꽃을 볼 때마다 나는 끝없이 낯빛을 붉혀야 했다. 꽃빛에 물들어 붉어졌고, 부끄러워 붉혀야 했다. 지난 겨울, 수없이 스치며

'잡목' 이라 불렀던 그 나무가 이토록 찬란한 모습으로 봄을 장엄할 줄이야. 사실 목재라는 쓸모를 기준삼으면 소나무일지라도 구부러진 것은 모두 잡목이다. 하지만 나는 한번도 소나무를 잡목으로 부른 적이 없다. 보잘것없어 보이거나 내가 모르는 작은 나무들은 싸그리 잡목이라 불러왔다. 존재의 질량으로 보자면 여린 풀싹이나 거목이 하등 차이가 없다는 사실을 왜 진작에 몰랐을까. 아마도 존재의 본질을 정면으로 응시한 적이 없어서였을 것이다.

되새겨 본다. 진달래꽃한테서 배웠다. 지금은 농부로 살고 있는 윤구병 선생이 '잡초는 없다' 고 말한 것처럼 '잡목은 없다' 는 사실을.

진달래꽃 흐드러지게 피워 올린 백두대간은 다시 조금씩 키를 높이며 백학산(615m)으로 발길을 이끈다. 이곳에서부터 다시 내리막길을 이루다가 상주시 모서면 석산리와 대표리를 넘나드는 고갯길(지기재) 하나 내어 주고 나서 신의터재에 이르기까지는 아예 왼쪽 옆구리에 논밭을 끼고 간다. 지기재서부터 신의터재까지는 쉬엄쉬엄 걸어도 두어 시간이면 족하다.

신의터재에서는 잠시 숨을 고르며 역사의 한토막을 떠올려 본다. 해발 280여 미터에 불과하지만 금강과 낙동강을 가르는 분수령인 이 고개는, 임진왜란 이전에는 신은현(新恩峴)으로 불리었으나 임진왜란 때 김준신이 이 고개에서 의병을 모아 큰 전공을 세우고 임진년 4월 25일 순절한 후부터 신의터재로 불린다 한다. 일제 강점기 때는 이 고개 동쪽의 동리 이름을 따 '어산재' 로도 불리었으나 광복 50주년을 맞이하여 제 이름을 되찾았다.

파랑 없는 바다를 생각할 수 없듯 굽이치며 휘돌지 않는 산 또한 상상할 수 없다. 비록 추풍령에서부터 속리산에 이르기까지의 산세가 미약하기는 하나, 신의터재에서 무지개산을 거쳐 윤지미산을 지나 화령에 이르기까지 첩첩이 휘어든다.

화령에서 다시 한숨을 돌린다. 상주시 화서면과 외서면을 잇는 이 고개 또한 300미터 남짓이다. 『택리지』에서도 이 고개에 대하여 말하기를 "속리산에서 남쪽으로 내려온 산줄기가 화령과 추풍령이 되었는데, 시내와 산의 경치가 그윽하다. 모두 낮고 평평하여 살기에 알맞으나 산이라고는 할 수 없다." 이곳 지형에 대한 옛 사람들의 지리 인식을 그대로 드러내는 표현이라 하겠다.

대부분의 백두대간이 도의 경계를 이루는 것과 달리 이곳은 아예 대간의 동서를 경상도(상주시)가 차지하고 있다. 이는 삼국이 각축을 벌이며 국경을 뒤바꾸던 역사의 반영이기도 한데, 백두대간이 천연의 국경 노릇을 하며 우리네 문화와 풍토를 가름지었음을 확인하게 한다. 역설적이게도 지역과 지역을 나누는 요새 같은 산은 평화의 중재자가 되고, 지역과 지역을 이웃하게 만드는 낮은 산은 오히려 화를 불렀으니(한국전쟁 때도 이곳에서 치열한 전투가 벌어졌다), 이로써 또 한번 백두대간의 지리적 · 역사 · 문화적 의미를 살필 수 있겠다. 이렇듯 백두대간의 고갯길은 높낮이나 위치에 따라 역사적 · 지리적 의미를 달리하지만 분수령으로서의 지위만큼은 동등하다.

화령에서는 봉황산(741m)이 그리 멀지 않다. 너머로 속리산을 빼고는 이 일대에서 가장 높을 뿐 아니라, 군더더기 없이 봉싯한 자태가 봉황이라는 이름에 참으로 잘 어울리는 산이다. 화령을 넘어 화서로 향하는 포장도로를 낀 산 기슭을 따라 걷다 속리산 문장대로 향하는 샛길을 가로질러 솔의 마을을 벗어나면서 서서히 높이를 올리면 산불감시초소가 있는 봉황산의 동쪽 봉우리에 이른다. 이곳에서 다시 급하게 아래로 떨어졌다 솟구친 다음, 왼쪽 기슭을 길게 휘돌다가 정상 아랫부분에서 왼쪽으로 급하게 꺾은 다음부터는 급한 경사가 꼭대기까지 이어진다. 금강으로 흘러드는 송천의 발원지이기도 한 이 산은, 화령의 진산답게 화서면이 한눈에 내려다 보이고 속리산 천황봉도 가늠이 될 만큼 조망이 빼어나다.

봉황산 막 지나서 암릉을 돌고 나면 공원길을 산책하는 듯한 편안한 걸음으로 비재까지 내려설 수 있다. 지금은 비재라고 부르지만, 나는 새의 형국과 같다 하여 비조령(飛鳥嶺)으로 불렸다는 이 고개에서부터는 급한 오름길과 내림길을 이어간다. 특히 못재 직전의 가파른 암릉은 발끝의 감각을 짜릿하게 하며 산행의 즐거움을 배가시킨다.

못재, 이름처럼 항상 물을 담고 있지는 않지만 습지를 이루고 있는 이곳에는, 후백제를 세운 견훤에 얽힌 전설이 전한다. 못재의 맞은편에 솟은 대궐 터산에 성을 쌓은 견훤이 이곳 못재에서 목욕을 하여 힘을 얻어 세력을 넓혀 가자, 이를 안 황충이 못에 소금을 풀어 견훤의 힘을 꺾었다는 것이다. 이는, 광주의 한 처녀가 지렁이와 정을 통하여 사내아이를 낳았는데, 나이 열다섯 살이 되자 스스로 견훤이라 일컬었다는 『삼국유사』의 기이편에 전하는 얘기에서 비롯된 게 아닌가 싶다.

못재에서 그 옛날 견훤과 함께 목욕을 하는 상상을 하며 조금만 나아가면 속리산의 동남쪽 자락에 닿는다. 올라서면 형제봉, 내려서면 갈령이다.

2000년 4월 17일

속리산 1

산은 세속을 떠나지 않건만

사는 일이 무거운 짐처럼 느껴질 때, 혹은 너무 무료한 삶이 존재의 의미를 위협할 때, 흔히 사람들은 미지의 세계를 꿈꾼다. 자신을 알아보는 사람이라곤 아무도 없는 곳, 지금껏 보아 왔던 것들과는 전혀 다른 낯선 풍경 속에서, 새로운 삶의 맹아가 싹트기를 꿈꾸는 것이다. 그래서 사람들은 길을 떠난다. 그리고 그 길은, 일상으로의 귀환이 예약된 하루 이틀의 짧은 여행일 수도 있고, 무작정 떠도는 부랑의 길일 수도 있고, 천야만야한 낭떠러지에 서서 홀연히 자신의 본래면목과 마주치게 될 구도의 길일 수도 있다. 하지만 이 모든 '길 떠남' 에는 한 가지 공통점이 있으니, 바로 '탈속(脫俗) 지향' 이다.

세속을 떠난다는 것, 어쩌면 그것은 모든 인간의 잠재 본능과 같은 '자유의지' 의 발현일지도 모른다. 그러나 불행히도 '현실' 이라는 인과의 그물은 참으로 정교한 것이어서 모든 '길 떠남' 을 궁극의 자리에 닿게 하지는 않는다. 저지른 바 만큼은 어떤 식으로든 갈무리하지 않으면 안 되는 것이 또한 삶인 까닭이다. 그래도 '탈속의 꿈' 마저 접을 수는 없다. 그것을 포기하는 순간, 삶을 가능케 하는 모든 조건들은 새의 비상을 가로막는 울타리 같은 것으로 바뀔 것이기 때문이다.

그래서 우리는 지금 속리산(俗離山)으로 간다. 세속을 떠난 산으로 가는 것이다.

일찍이 조선 선조 때의 시인 백호 임제(白湖林悌, 1549~1587)는 다음과 같이 속리산을 노래한 바 있다.

> 도는 사람을 멀리 않건만 사람은 도를 멀리하고
>
> 산은 세속을 떠나지 않건만 사람은 산을 떠나네.
>
> 道不遠人人遠道, 山非離俗俗離山

분방이 지나쳐 스무 살이 넘도록 따로 스승이 없던 임제는, 스물두 살 되던 겨울 어느 날, 벼슬을 멀리하고 속리산에 숨어 살고 있던 성운(成運, 1497~1579)을 만나 3년간 가르침을 받은 적이 있다. 이때 『중용』을 800번이나 읽었다는 일화가 전하는데, 위의 시 또한 '도불원인(道不遠人)' 이라는 『중

용』의 한 구절에서 얻은 듯하다.

도가 사람을 떠나 있지 않듯이 산 또한 사람을 떠나는 법이 없다. 따라서 속리산은 '세속을 떠난 산'이 아니라 '세속이 떠난 산'이다. 실제로 속리산은 속된 것들의 범접을 쉬 허락할 것 같지 않은 풍모를 지니고 있다. 그러나 역설적이게도 속리산은 세속을 떠나 있는 게 아니라 세속 가장 깊숙한 곳에 자리하고 있다. 굳이 풍수가의 말을 귀동냥하지 않더라도, 지도만 펼치면 누구라도 그곳이 한반도의 심장에 해당하는 곳임을 알 수 있다.

이러한 속리산의 입지는, 백두산에서부터 남으로 내리뻗어 이 땅의 등뼈를 이루는 백두대간이 줄곧 달려 남해로 향하지 않고 왜 태백산에서부터 남서쪽으로 허리를 틀어 지리산으로 이어지는가 하는 의문을 풀어 주는 단서이기도 하다. 또한 우리는 이를 통해, 일제에 의해 왜곡된 산맥 체계에 따라 낭림산맥과 함께 이 땅의 등뼈로 불리웠던 '태백산맥'이 '낙동정맥'으로 자리매김되어야 하는 이유도 확인할 수도 있다. 백두대간이 지리산으로 향해야만 비로소 한남정맥에서부터 낙남정맥에 이르는 7개의 정맥을 아우를 수 있기 때문이다. 그래야만 등뼈로서의 백두대간의 구실이 가능해지는 것이다.

사실 매봉산에서 백두대간과 낙동정맥이 갈라지는 것에 대해서는 옛 문헌에서도 고심의 흔적을 찾을 수 있다. 『산경표』를 편찬한 것으로 알려진 신경준보다 앞선 인물인 이중환(1690~1752)도 『택리지』에서 우리 산수의 전체 형세를 말하며, "남쪽으로 수천 리를 내려가 경상도 태백산까지 한 줄기 마루로 통한다. 태백산에서 산줄기가 좌우로 갈라져서 왼쪽 지맥은 동해를 따라갔고, 오른편 지맥은 소백산에서 남쪽으로 내려갔는데, 태백산 쪽으로 내려간 것과 비교할 바가 못 된다"고 적고 있다. 이 땅의 산수를 1대간, 1정간, 13정맥으로 파악한 『산경표』의 지리 인식체계가 정립되기 전에는 당연히 그렇게 생각했을 법하다. 이 모든 것을 종합해 볼 때, 백두대간을 으뜸 산줄기로 파악한 『산경표』의 지리 인식체계야말로 이 땅에 대한 가장 합리적이고도 정교한 사고의 결과물이라 하지 않을 수 없겠다.

이처럼 속리산은 백두대간의 중추 역할을 할 뿐만 아니라, 진정한 떠남이란 멀리 달아나는 일이 아니라 한복판, 즉 참 자기에게로 돌아오는 길이라는 것을 말없이 일깨워 준다.

실제로 속리산의 품에 안겨 보면, 멀리서 바라볼 때의 모습이나 이름과는 달리 아주 편안하다. 법주사에서 오르는 길은 물론이거니와 천황봉에서 문장대에 이르는 등성마루 또한 누구에게나 즐거운 산행을 허락한다. 오는 사람 마다 않고 가는 사람 잡지 않는 태도로 모든 발길을 가슴으로 안아주는 그런 산이다.

백두대간 종주를 하지 않는 사람일지라도 속리산을 온전히 바라보기 위해서는 먼저 천황봉의 동남쪽에 위치한 형제봉(803m)에 올라야 한다. 그곳에서 바라보는 속리산은, 하나의 정수리만 도드라진 그런 산이 아니라 천황봉(1,058m)에서 문장대에 이르는 기묘한 바위 능선 전체가 하나의 커다란 봉우리를 이루는 산임을 알 수 있게 한다. 옛 사람들도 속리산에 대해서 만큼은 제1봉에 대해 큰 의미를 부여하지 않았다. 『신증동국여지승람』에도 "봉우리 아홉

이 뾰족하게 일어섰기 때문에 구봉산(九峰山)이라고도 한다"고 적혀 있다.

속리산의 연이어진 봉우리 전체를 산의 정수리로 파악한 흔적은 속리산의 제1봉인 천황봉의 이름에서도 찾을 수 있다. 언제부터 천황봉으로 불렀는지는 정확히 모르겠으나 1861년에 제작된 「대동여지도」에는 분명히 '천왕봉(天王峯)'이라 적혀 있다. 이때의 천왕이란 가람을 수호하는 천왕과 같은 존재로 봐도 좋을 것이다. 천왕(황)봉 다음 봉우리의 이름이 법신불을 일컫는 '비로'인 것만으로 쉽게 알 수 있는 사실이다. 또 속리산 마루에 '대자재천왕사(大自在天王祠)'가 있었다는 『신증동국여지승람』의 기록도 지금의 '천황봉'이 잘못된 이름임을 방증한다. 더 면밀한 문헌 고증을 해야 할 일이지만, 만약 일제가 한반도를 강점한 상태에서 자신들의 천황을 염두에 두고 왜곡한 것이라면 지금이라도 바로잡아야 할 것으로 보인다.

이처럼 속리산은 그 이름과 달리 세속 가장 깊숙한 곳에서, 가장 세속적인 얘깃거리(세조와 얽힌 얘기만도 한둘이 아니다)를 만들며 우리 민족과 함께 한 산이다.

2000년 5월 7일

세속을 떠난다는 것. 어쩌면 그것은 모든 인간의 잠재 본능과 같은 '자유 의지'의 발현일지도 모른다. 그러나 불행히도 '현실'이라는 인과의 그물은 참으로 질긴 것이어서, 모든 길 떠남을 궁극에 닿게 하지는 않는다. 그래도 인간은 끝없이 탈속의 나래를 접지 않는다. 그래서 우리는 또 길을 떠나는 것이다.

속리산은 비단치마 같은 가슴을 펼쳐 법주사를 안고 있다. '법이 머무는(法住)' 절이 있음으로써 이 산은 '세속이 떠난 산'이 된다.

초록의 향연 속으로. 갈령에서 속리산
천황봉으로 오르는 길.

속리산 2

산은 어떻게 사람을 기르는가

사람〔人〕이 산(山)에 들면 신선〔仙〕이 되고, 사람이 골짜기〔谷〕로 들면 비로소 그곳은 속계〔俗〕, 즉 사람 세상이 된다고 한다. 이렇듯 산은 누구에게든 신선의 경지를 허락할 뿐 아니라, 쉼없이 골짜기를 만들며 생명의 젖줄과 같은 물줄기를 이룸으로써 사람을 거둔다. 골짜기를 이르는 한자인 '골 곡(谷)'의 자해(字解) 가운데 '기르다'는 새김이 있는 것도 산에 기댄 사람살이의 오랜 연원을 보여주는 좋은 예라 하겠다.

산과 계곡, 이 둘의 관계는 손등과 손바닥이다. 그렇다면 골짝을 흘러내리는 물줄기는 필시 두 산의 손뼉춤일 터, 사람들은 그 신명에 장단을 맞추며 목숨을 이어가는 것이다.

나무를 보지 말고 숲을 보라는 경구는, 산에 올라 산을 볼 때도 유효한 말이다. 하나의 봉우리가 아니라 산줄기와 골짜기 모두를 봐야만 산과 물의 관계, 그리고 우리네 삶의 뿌리로서의 산이라는 공간의 의미가 다가오게 되는 것이다. 그때 바라본 산은 분명 어머니의 젖가슴이요, 골짜기는 유선(乳腺) 즉 젖샘이다.

코방아를 찧을 듯이 가파른 비탈을 올라 천황봉(1,058m)에 오른다. 사방으로 탁 트인 시야가 오히려 눈 둘 곳을 잃게 한다. 천황봉에서 문장대에 이르는 기기묘묘한 암릉은 물론이거니와, 초록 비단을 펼쳐 놓은 듯한 동서쪽 기슭의 유장한 흐름을 두루 살피게 하는 품새를 지닌 산이 바로 속리산인 것이다.

최고봉인 천황봉에서부터 비로봉 · 길상봉 · 문수봉 · 보현봉 · 관음봉 · 묘봉 · 수정봉 등 8개의 봉우리와, 문장대 · 입석대 · 경업대 · 배석대 · 학소대 · 신선대 · 봉황대 · 산호대 등 8개의 대(臺)로 유명한 속리산은, 예로부터 소금강산이라고도 불릴 만큼 경관이 빼어나다.

『문헌비고』에서는 이 산에 대해 "산세가 웅대하며 기묘한 석봉(石峯)들이 구름 위로 솟아 마치 옥부용(玉芙蓉)처럼 보이므로 속칭 소금강산이라 하게 되었다"고 적었고, 이중환도 『택리지』에서 "돌의 형세가 높고 크며, 겹쳐진 봉우리의 뾰족한 돌 끝이 다보록하게 모여서 처음 피는 연꽃 같고, 또 횃불을 멀리 벌여 세운 것 같기도 하다. 산 밑은 모두 돌로 된 골이 깊게 감싸고 돌아서, 여덟 구비 아홉 돌림이라는 이름이 있다. 산이 이미 빼어난 돌이고, 샘물이 돌에서 나오는 까닭에 물맛이 맑고 차갑다. 빛깔 또한 아청빛이어서 사랑스러운데, 충주 달천의 상류이다"며 사실적이면서도 아름다운 수사로 속리산을 그리고 있다.

또한 천황봉은 한강 · 금강 · 낙동강의 젖샘 구실을 하는데, 동쪽으로 흘러내린 물은 낙동강을 살찌우고, 서쪽 법주사를 거쳐 달래강에 이루어 흐르던 물줄기는 충주의 탄금대 아래서 남한강과 몸을 합친다. 그리고 남쪽 골짝을 흘러내려 보은 땅을 적시는 물줄기는 금강의 대청호에 몸을 누인다. 예로부터 이러한 세 물줄기를 삼파수(三派水)라 하여 충주 달천과 오대산의 우통수와 함께 조선의 명수(名水)로 기림을 받았다.

이에 더하여 백두대간 위의 천황봉은 좀더 각별한 의미를 지닌다. 이 봉우리에서부터 '한남금북정맥'이 솔가하여 일가를 이루기 시작하니, 세조가 말을 타고 넘었다는 말티고개를 지나 선도산과 보현산을 거쳐 안성의 칠현산에 이르는 산줄기가 바로 그것이다. 칠현산에서는 다시 두 갈래로 정맥이 나누어진다. 북서쪽으로 '한남정맥'이 수원 일대를 왼쪽 옆구리로 끼고 인천 문수산에서 발길을 멈춘다. 그리고 남서쪽을 향하는 나머지 한 갈래 '금북정맥'은, 오른쪽으로 천안 · 홍성을 끼고 돌며 태안반도의 안흥진까지 내쳐 달려 나간다. 이렇듯 천황봉은 세 개의 정맥을 거느린 봉우리이기도 하다.

천하의 명산이라 해도 명찰을 품고 있지 않으면 왠지 왜소한 느낌이 든다. 특히 속리산과 같이 그 이름으로 이미 세속의 경계를 뛰어넘은 산이고 보면 명찰이 없을 수가 없겠다. 그렇다. 법주사가 바로 그런 절이다. 명산과 짝하지 않은 큰 절집이 어디 있을까만, '속리산 법주사' 야말로 처음부터 한꺼번에 생겨난 말인 양 잘도 어울린다. '불법(佛法)이 머무른〔住〕 곳' 이라는 뜻을 머금고 있는 절, 법주사. 그 이름의 내력은 다음과 같다.

신라 진흥왕 14년(553), 의신스님이 멀리 천축국(인도)에서 공부를 마친 뒤 흰 노새에 불경을 싣고 돌아와 머물 만한 절을 찾아 헤매다가 속리산에 이르게 되었다. 그때 갑자기 노새가 울부짖자 의신스님은 문득 느끼는 바가 있어 노새의 잔등에서 경전을 내리고 절을 세웠다. 이로써 경전, 즉 부처님의 가르침이 머물게 된 것이다.

사정이 이렇고 보니, 서쪽으로는 충청북도 보은군과 동쪽으로는 경상북도 상주시에 걸쳐 있으면서도 속리산은 뭇 사람들에게 보은의 산으로 각인되었다. 법주사가 보은에 있음으로써 비롯된 일임은 더 이상의 설명이 필요 없겠다.

이 밖에도 속리산은 그 넓고도 깊은 자락마다에 무수한 역사의 흔적과 절경을 간직하고 있다. 조선이라는 나라를 연 이성계가 혁명을 꿈꾸며 백일 기도를 올린 산도 이곳이고, 그의 다섯째 아들 이방원 즉 태종이 왕권을 쟁취하기 위해 형제를 둘씩이나 도륙한 죄씻음을 하고 안심(安心)을 얻은 뒤, 그것을 기리기 위해 본래 보령이던 고을 이름마저 보은으로 고쳤다는 얘기도 이 산에서 비롯된 것이다. 폭군 세조가 몹쓸 병을 고치고 문장대에 올라 신하들과 삼강오륜을 강론했다는 얘기도 속리산 언저리에서는 쉽게 들을 수 있다. 인조 때의 명장 임경업이 독보대사를 스승삼아 7년 동안 무술을 연마했다는 전설도, 그가 일으켜세웠다고 해서 '입석대' 라는 이름을 얻은 바위에 깃들어 오가는 나그네들에게 자연에 낀 역사의 이끼를 살피게 한다.

그뿐이 아니다. 세조의 가마가 지나가자 가지를 들어 올려 길을 열어 주었다는 '정이품송', 세종이 7일간 머물며 법회를 열고는 '크게 기쁜' 자신의 심회를 이름에 담았다는 '상환암(上歡庵)', 세조가 목욕을 했다는 은폭(隱瀑)과 그때마다 그 위에서 학이 노닐며 세조의 머리에 똥을 떨어뜨렸다는 학소대 등, 속리산 곳곳에는 그 이름과 정반대로 가장 세속적인 얘기가 짙게 배어 있기도 하다. 성과 속이 결코 둘 아님을 풍문으로나마 듣긴 했으나, 하찮은 세속적 욕망의 찌꺼기를 한보따리씩 안고 와서는, 이 산에서라면 행여 내려놓을 수 있을까 싶어 안간힘을 쓴 인간의 얄팍한 속내를 보는 것 같아 씁쓸하기도 하다.

문장대 앞에 선다. 이곳에서부터 백두대간은 속리산을 벗어나게 되는 참으로 아쉬운 순간이지만, 나는 그저 문장대를 바라보기만 한다. 문장대보다 키를 올린 통신 중계탑의 높이가, 분수를 모르는 인간의 자연에 대한 배은망덕을 보여 주는 것 같았기 때문이다.

그래서 나는 차마 문장대에는 오를 수 없었다.

2000년 5월 22일

속리산은 능선 곳곳에서 조망의 즐거움을 맛볼 수 있다.(경업대 부근)

문장대 근처에서 바라본 속리산 기슭. 모든 속기를 다 거두어 갈 듯한 푸르름이다.

청화산 · 대야산

'새 날' 꿈꾸기

예나 지금이나 '전쟁 · 질병 · 굶주림 · 천재지변' 따위는 인간의 생존에 있어 가장 큰 위협 요소다. 얼핏 보아 인류 문명의 발전이라는 것이, 이러한 위협 요소에 대한 극복의 과정으로 보이기도 하지만 근본적으로 달라진 것은 없다. 닥치는 대로 불치병을 극복한다 하더라도 끝내 죽음을 피할 수 없는 한 평균 수명의 연장, 즉 천수(天壽)의 개념이 바뀐 것에 지나지 않을 뿐이고, 기아의 공포로부터 해방되었다고는 하나 이 또한 전 지구적 차원에서 보면 일부에나 해당되는 얘기다. 슈퍼컴퓨터가 태풍의 진로를 정확히 예측한다고 해도 하늘로부터의 물벼락은 도무지 감당할 수 없는 일이고, 오늘날 전성기를 누리고 있는 정보 통신 기술이라는 것도 전쟁 기술 개발의 부산물임을 생각하면, 지구라는 초록별은 거대한 시한폭탄이나 다름없다는 결론에 닿게 된다.

그래서 인류는 늘 '이상향'을 꿈꾸어 왔다. 낙원이라 부르기도 하고 유토피아라 일컫기도 하는 곳, 저기 지리산 어디엔가 있다는 청학동 같은 곳을. 마침내 우리도 바로 그런 산 중 하나인 '청화산'을 오른다.

청화산(靑華山, 984m) 오름길은 늘티에서 시작된다. 경북 상주시 화북면에 걸터앉은 백두대간의 등성마루이기도 한 이 고갯마루는, 속세로 마실나온 속리산이 사람들에게 곁을 주는 곳이기도 하고, 북으로부터 곧추서서 달려오던 백두대간이 속리산을 솟구쳐 올리기 전에 숨을 고르는 곳이기도 하다.

경북 문경시와 상주시 그리고 충북 괴산군의 경계에 자리잡은 청화산은, 앞서 얘기했듯 이상향을 찾던 사람들에게는 특별한 의미를 지니고 있다. 이 땅을 사무치게 사랑한 한 사람이었던 이중환도, 이 산의 이름을 따 스스로를 '청화산인(靑華山人)'이라 칭했다. 그럼 우선 『택리지』를 통해, 이중환이 말하는 청화산의 풍모를 들어보자.

"청화산은 내외 선유동을 위에 두고, 앞으로는 용유동을 가까이에 두고 있을 뿐 아니라, 수석의 기이함은 속리산보다 훌륭하다. 산의 높고 큼은 비록 속리산에 미치지 못하나, 속리산같이 험한 곳은 없다. 흙으로 된 봉우리에 둘린 돌은 모두 밝고 깨끗하여 살기(殺氣)가 적다. 모양이 단정하고 좋으며 빼어난 기운을 가리운 곳이 없으니 거의 복지(福地)이다."

실제로 청화산은 산을 보는 눈이 트이지 않은 사람에게도 범상치 않은 기운을 느끼게 한다. 육산이면서도 등성마루에 솟은 바위들은 금방이라도 터질 듯한 꽃봉오리 같고, 시원스레 흘러내리는 산주름은 선비의 빳빳이 풀먹인 도포자락 같다. 산자락 어디에고 속된 기운 같은 건 털끝 하나라도 붙어 설 자리가 없는 산인 것이다. 그렇다고 범인의 접근을 가로막을 정도로 까탈스럽지는 않다. 특히 정상 못미처서 사방이 탁 트이는 전망대 바위쯤에 이르는 순간은, 전신의 핏줄을 세워올리고 소리를 뽑아올리던 판소리꾼이 일순 소리를 놓고, 합죽선을 쫙 펼치며 사설을 풀어놓는 장면인 것도 같다. 아무리 바삐 줄여야 할 길이더라도 이쯤에서는 짐도 몸도 마음까지도 다 놓아 버리고, 흘러가는 구름인 양 지나가는 바람인 양, 그렇게 쉬어가지 않을 수 없다.

이곳에서 동남쪽 기슭을 따라 눈길을 주면, 도인이나 살 수 있을 것 같은 모습으로 가파른 기슭에 자리잡은 절을 볼 수 있다. 원적사(圓寂寺)다. 신라 무열왕 7년(660) 원효스님이 창건했다는 절이다. 창건 이후의 자세한 내력은 전해지지 않으나, 남아 있는 것 중 가장 오래되었다는 원효스님의 진영은 언제나 새벽 밝음으로 도량을 지키고 있다. 법당 이외에 3채의 요사를 갖춘 현재의 모습은 1987년에 서암스님이 이루어 놓았다.

자, 그럼 이쯤에서 청화산의 도참사상적 혹은 풍수적 의미를 살펴보자.

『정감록(鄭鑑綠)』으로 대표되는 감결(鑑訣)이나 비결(秘訣)을 신봉하는 사람들에 있어서 이상적 공간이란, 부귀 영화를 보장하는 말 그대로의 복된 땅은 아니다.

오히려 그와는 반대로, 까치나 매미가 일생을 살면서 꼭 필요한 것만으로 자족하듯이, 그렇게 한세상 최소한의 먹을 것 걱정 없이 전쟁이나 천재, 왕조의 흥망성쇠에 따라 이리저리 휘둘리는 일 없이 살 수 있는 피난의 땅일 뿐이다. 그런 가운데서도 희망 하나 있었다면, 언젠가는 '새 날' 이 열려, 피난의 땅마저도 필요없어지는 그런 세상 만나는 일이었을 것이고.

그런데 청화산이 바로 그런 땅을 품고 있다는 것이다. 이른바 '우복동(牛腹洞)' 이다. 소의 뱃속처럼 편안한 땅이라는 말이다. 청화산 아랫마을인 경북 상주시 화북면 용유리 일대가 바로 그런 마을이라고 한다. 어째서? 형제봉에서부터 속리산 천황봉, 문장대에서 청화산으로 이어지는 산줄기의 형세는 흡사 활의 모양처럼 휘돌아 흐르는데, 활시위에 해당하는 맞은편의 산줄기는 청화산 동남쪽으로 흘러내려 화산 마을의 시루봉을 세우고는 청화산 아래에서 시작되는 병천(甁川)을 사이에 두고 그 너머의 도장산(道藏山)과 마주한다. 그리고 도장산은 속리산의 남쪽 들머리인 갈령과 형제봉으로 이어진다. 외부 세계로 열린 부분이라고는 용유리에서 동쪽으로 흐르는 병천(농암천으로 이어지는데 계속 흘러내리며 쌍룡 계곡을 이룬다)밖에 없으니 과연 그 형세가 소의 뱃속을 닮았다 하겠다.

그러나 우복동이라고 불리는 곳은 이곳 말고도 많다. 속리산 언저리 구병리도 그곳이 곧 우복동이라고 굳게 믿는 정감록파의 후손들이 대를 이어가고 있다. 이처럼 이 땅에서의 산은, 부랑하는 민중에게는 희망의 거처였고, 격랑에 표류하는 시대에는 개벽의 둥지였다.

흔히 말하는 십승지지(十勝之地)도 우복동과 같은 의미의 공간인데, 참고로 계룡산권의 유구 · 마곡, 부안의 변산, 합천의 가야산을 제외한 나머지는 모두가 백두대간에 깃들어 있다는 사실을 기억해 둘 필요가 있겠다. 이를테면 태백산과 소백산 언저리의 봉화 · 춘양 · 영월 · 예천, 속리산 자락의 보은, 덕유산에 기댄 무주 · 무풍, 지리산의 품에 안긴 남원 · 운봉 등.

청화산을 벗어난 백두대간은, 간간이 나타나는 바윗길과 경쾌한 오르내림을 반복하며 조항산(951m)에 이른다. 괴산군 청천면과 문경시 농암면에 걸터앉아 있다. 크고 작은 바위를 다보록이 안고 있는 정상에서의 조망은, 지나온 속리산과 청화산, 앞으로 가야 할 대야산과 희양산 자락을 한눈에 품을 수 있게 한다.

이어지는 대야산(931m)은 속리산에서 희양산 사이 구간 중 으뜸의 산악미를 보여 주는 산이다. 서쪽 기슭으로는 희양골, 동쪽 기슭으로는 월영대, 용추계곡, 용소와 같은 가경을 빚어 놓았다. 정상 부위의 기묘한 암봉과 동쪽으로 급전직하하는 아슬아슬한 흐름은, 수림과 계곡과 조화를 이루며 산이 보여 줄 수 있는 최고의 경지를 연출한다.

2000년 6월 3일

들꽃 만나는 즐거움. 산행의 으뜸가는 즐거움 중 하나다.(둥근이질풀)

장성봉 · 희양산 · 이화령

백두대간의 사리

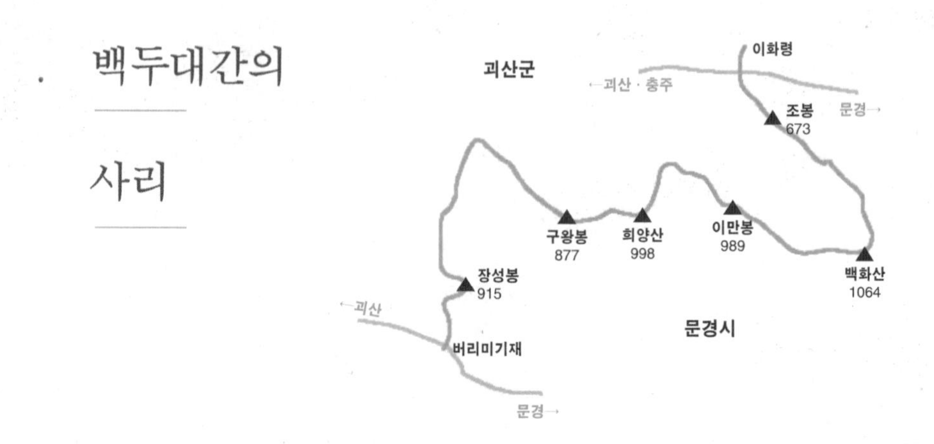

뜻밖의 즐거움에 여행의 묘미가 있듯, 예측불허의 날씨는 여름 산행의 매력이기도 하다. 한치 앞도 분간하기 어려운 짙은 안개가 만들어 내는 적요 속에 스미듯 다가오는 산과의 일체감. 속수무책으로 내리꽂히는 소나기에 흠뻑 젖고서야 맛보는 역설적 안도감. 땀구멍마저 말려 버릴 것처럼 작렬하는 태양 아래서, 체념에 제압당한 인내를 보고서야 느끼는 자유. 이렇듯, 감성의 굳은살 한 켜만 벗겨내도 자연과의 교감은 부챗살을 편다.

나보다 먼저 비에 젖는 '서 있는 키 큰 형제들' (인디언들은 나무를 이렇게 부른다)을 스쳐 지나는 여름 산길은, 한지로 걸러진 간접 조명 같은 은밀함으로 조금씩 조금씩 열어가야 한다. 그렇게 열리는 길은, 순간 순간이 최초의 길이고 걸음걸음이 최초의 내딛음이다.

저기 한국 불교가 가부좌를 틀고 앉은 곳, 봉암사 가는 길에 뱀딸기 곱다. 그 고혹적인 빛깔을 보노라니, 뱀딸기 옆을 지날 때마다 정말로 뱀이 나올 것 같아 마음 졸이던 어릴 적의 무섬증이 되살아난다. 그러고 보니, 관능의 극치를 보여 주는 듯한 뱀의 빛깔은 뱀딸기의 도발적 붉음과 참으로 닮았다. 아직도 내가 발 딛고 선 이곳은 '오욕락의 이편' 임을 절감케 한다. 오로지 화두 일념으로 일체의 세속적 욕망에 빗장을 지른 봉암사는 아직 아득한 저편, 두 다리를 채근할수록 천둥벌거숭이가 될 것은 뻔한 일. 긴 숨을 토해 내고 단전에 힘을 실어 본다.

이번 산행의 출발지는 문경시 가은읍의 버리미기재. 한때 화전을 일구던 버리미기골을 지나는 913번 지방도의 고갯마루다. '벌어먹이다' 는 말의 경상도 사투리에서 비롯된 이 이름에는 손바닥만한 땅뙈기에 목숨을 의탁해야 했던 우리네 지난 날의 궁벽한 산골 살림의 모습을 고스란히 간직하고 있다. 이곳에서부터 장성봉, 악희봉, 구왕봉 넘어 희양산, 그리고 다시 이만봉을 지나 백화산과 황학산을 거쳐 이화령까지가 이번 산행의 목표. 어림잡아 도상 거리 25km가 넘는 만만치 않은 거리다.

희양산의 남쪽 들머리를 외호하듯 솟아오른 장성봉. 백두대간이라는 지리 인식의 개념틀이 없었더라면 계속 숨어 지냈을 산인데, 때마침 피어난 산나리의 진홍빛 고운 자태가 그 순수함을 대변하는 듯하다. 드문드문 소나무 아래 진달래 철쭉 무성한 초입과 달리 정상 가까이는 안정된 참나무 숲으로 천이가 이루어져 있다. 맑은 날이면 악희봉에서부터 희양산, 백화산의 자태가 파노라마로 펼쳐진다.

장성봉을 지나면서 경북 문경시와 충북 괴산군의 경계를 이루는 백두대간은 북쪽으로 곧장 내달리다 악희봉에서는 동남쪽으로 심하게 구부러지며 은치(540m)에서 잠시 허리를 낮추고 숨을 고른다. 특히 이 구간의 동남쪽 기슭에서 시작하여 봉암사에 이르는 20km 남짓한 계곡이 바로 그 유명한 '봉암용곡'이다.

은치에서 시작되는 구왕봉(877m) 오름길은 제법 가파르다. 구왕봉은 달리 구룡봉으로도 불렸는데, 봉암사 터를 잡기 위해 그 자리에 있던 연못을 메울 때 용이 살고 있어서 지증대사가 신통력으로 쫓았다는 이야기가 전한다. 봉암사에서는 이 봉우리를 날개봉이라고도 부른다. 지도를 놓고 그 형세를 살피면, 희양산을 몸통으로 삼아 봉암사로 날아드는 한 마리 새의 오른쪽 날개와 흡사하다.

구왕봉에서 바라보는 희양산(998m)의 자태는 어설픈 형용을 허락하지 않을 것 같은 위엄을 지니고 있다. 거침없이 흘러내리는 기슭 남쪽 끝에 아스라이 자리잡은 봉암사는 심산(深山)이라는 말에 무게를 더해주고 있고, 군더더기 없이 둥싯 솟은 바위봉우리는 산의 물리적 높이 따위는 아랑곳하지 않는 모습으로 '그냥' 거기에 '있을' 뿐이다. 그러나, 언어로 존재의 집을 지어보겠다는 허튼 수작을 일로 삼은 이상, 한마디 일러보겠다는 욕심마저 접을 수는 없겠다.

감히 말한다. 희양산은 백두대간의 '사리'다.

신라 헌강왕 5년(879) 지증 도헌(智證道憲, 824~882) 국사가 창건한 봉암사. 오늘날 희양산문으로 불리는 9산 선문 중 하나인 이 절을 기억함에 있어서 지증국사와 아울러 성철스님과의 인연을 살피지 않을 수 없다. 두 스님과 봉암사의 인연사가 한국 불교사에 드리운 자취가 너무도 크기 때문이다.

먼저 신라의 대문장가 최치원이 지은 「지증대사비문」이 전하는 창건의 내력은 이렇다.

심충(沈忠)이라는 사람이 지증국사를 찾아가 '봉암용곡'을 희사하며 절 짓기를 간청했다. 이에 지증국사는 나무꾼이 다니는 길을 따라 가면서 산세를 두루 살폈다. 이를 최치원은 다음과 같이 적고 있다.

> 산이 사방에 병풍처럼 둘러 있으니 마치 봉황이 날개로 구름을 헤치며 오르는 듯하고, 백 겹 띠처럼 흐르는 계곡물은 뿔 없는 용의 허리가 돌을 덮은 것과 같다. 이에 (지증국사가) 감탄조로 탄식하며 말하기를 "어찌 하늘이 내린 땅이라 하지 않겠는가. 스님들의 거처가 되지 않으면 도적의 소굴이 될 것이다" 하였다.(옮긴 우리말은 지관스님의 역주를 바탕으로 하였음)

희양산문은 이렇게 열렸다. 그러나 후삼국의 격변기에 폐허가 되었고 935년에 정진 긍양(靜眞兢讓, 878~956)에 의해 중창되었으나, 성리학이 지배 이데올로기로 부상한 조선에 이르러서는 겨우 명맥만을 유지하게 된다.

그렇다면 오늘날 한국 선불교를 대표하는 사찰로, 1982년 이후 일반인의 출입을 금지했음에도 오히려 한국 불교의 자랑으로 받들어지는 까닭은 무엇일까. 여기서 우리는 성철스님을 떠올려야 한다.

일제 강점기를 거치면서 만신창이가 된 한국 불교는 1947년 겨울, 이른바 '봉암사 결사'로 불리는 일대 사건을 통해 혁신의 싹을 움틔운다. 성철스님의 주도로 청담, 자운, 월산, 혜암, 법전 등의 스님들이 "부처님 법답게 살자"는 극히 간명한 결사의 정신으로 승풍의 쇄신을 시작한 것이다. 이로써 천년 저편의 개산 정신이 오늘로 이어지게 된 것이다.

오늘날 삼보에 대한 예로 정착된 '삼배'나, 스님들의 복식 특히 붉은 가사가 괴색으로 바뀐 것도 이때의 일이니, 오늘의 한국 불교에 끼친 '봉암사 결사'의 영향력은 무겁고도 크다고 하겠다.

실로 희양산은 '백두대간의 사리'라는 표현에 걸맞는 산이다. 또한 희양산은 봉암사가 거기에 있음으로써 우리 모두의 정신적 여백이 된다.(매년 '부처님 오신 날'에는 누구에게나 발길을 허용한다.)

희양산을 벗어난 백두대간은 백화산에 이르기까지는 휘어돌고 오르내리기를 거듭하지만, 백화산에서부터 이화령까지는 평원 같은 분위기에서 산길 걷기의 즐거움을 만끽할 수 있다. 마음껏 허파에 낀 먼지나 털어낼 일이다.

2000년 6월 26일

속수무책으로 내리꽂히는 소나기에 흠뻑 젖고서야 맛보는 역설적 안도감.

땀구멍까지 말려 버릴 것 같은 태양 아래서 체념에 제압당한 인내를 보고서

야 느끼는 자유. 여름 산행의 묘미는 거기에 있다.

봉암사를 품에 안은 희양산. 성철스님의 주도로 한국 불교를 쇄신하고자 한 결사가 이곳에서 비롯되었다.

이화령 · 조령산 · 새재

고개는 또

가라 한다

길의 운명을 타고난 산등성이, 그것이 고개다. 파도치듯 일렁이는 산줄기의 두 꼭지점 사이, 산과 길이 만나는 곳, 이 고을 저 고을을 넘나드는 길의 정수리. 그곳이 바로 고개다. 그래서 고개에서는 만남과 헤어짐, 순경(順境)과 역경(逆境), 안도와 초조, 희망과 절망이 씨와 날로 엮인다.

서낭당이 있는 곳에서는, 오가던 길손이 돌무더기를 쌓아올리며 나그네길의 안녕을 빌기도 하고, 재너머 새집으로 이사가는 새신랑 새각시는 부모들의 조상신이 따라오지 못하도록 각시의 옷자락을 찢어 걸기도 했더랬다. 더러 과거길에 오르는 선비에게는 비장한 각오를 더해주기도 했을 것이고, 낙방길에는 또 밭은 숨을 토해 내게 하여 저절로 울분을 가라앉히게 했을 것이다.

하지만 고개는 또 가라 한다. 부황든 희망도, 조급한 절망도 다 내려놓고, 다시 새 길을 열어가라 한다.

고갯길은 산마루에 오를 때 가장 다리품을 적게 들이게 한다. 산을 넘는 가장 얕은 길이자 가까운 길이기 때문이다. 특히 이번 산행의 시작과 끝은 한때 경상도 지방과 서울을 잇던 대표적인 고갯길이었던 '이화령'에서 '새재〔鳥嶺〕'까지다. 그러나 지금은 이 두 고개 모두 길로서의 기능은 거의 잃어버렸다. 새재는 1981년에 경상북도의 도립공원이 되면서 아예 차가 다닐 수 없는 길이 되어 버렸고, 이화령 또한 터널이 뚫리면서 거의 구실을 잃고 말았다.

조령산의 남쪽 들머리인 이화령(548m)은 경북 문경시 문경읍과 충북 괴산군 연풍면을 잇는 고갯마루로, 이곳 사람들에게는 '이우릿재'로 불린다. 『신증동국여지승람』에는 '이화현(伊火峴)'이라고 적혀 있으나 지금은 '이화령(梨花嶺)'이라 하는데, 이 또한 일제에 의해 바뀐 것이고 보니 '배꽃재'라는 꽤나 예쁜 뜻도 그리 살갑게 다가오지 않는다.

이화령에서 조령산(1,017m)을 오르는 길은 시작부터 깊은 산에 안긴 듯한 느낌이다. 산의 들머리에서는 가능하면 느긋하게 걸을 필요가 있다. 아무래도 산은 화들짝 안겨드는 사람보다 진중하게 다가서는 사람을 더 반길 것이므로. 이렇게 한 20분쯤 걸으면 기슭 한 귀퉁이를 뒤덮은 돌너덜을 만나게 되고, 이곳에서 또 그만큼 걸으면 헬기장이 나온다. 다시 조금 더 나아가면 곧장 등성이를 걷는 길과 비탈로 약간 내려서는 갈림길을 만나는데, 요즘같이 무더위가 기승을 부릴 때는 비탈길을 택하는 것이 현명하다. 샘물을 만날 수 있기 때문이다. 등성이만을 고집하는 산행에서 만나는 샘물이란, 산에서 누릴 수 있는 몇 안 되는 호사 기회이므로 결코 놓칠 수 없다. 천천히, 낙타처럼, 물통이건 뱃속

이건 양껏 채운 다음, 다시 등성이로 올라서면 헬기장을 만나게 된다.

이곳에서의 눈맛도 아주 빼어나다. 남쪽으로 백화산과 희양산, 멀리 속리산의 연봉들이 한눈에 들어오고, 동쪽으로 주흘산도 자태를 드러낸다. 이곳에서는 조령산 정상이 코앞이다. 살풋이 내려섰다 다시 솟구치면 정상이다.

조령산에서 흔히 새재(650m)라 부르는 조령관(제3관문)까지는 결코 얕잡아 볼 수 없는 암릉이 계속된다. 잠깐이라도 다리의 긴장을 풀었다가는 불끈 뭉쳐 오른 바위에 엉덩이를 내맡겨야 하는 순간을 맞게 된다. 좌우 기슭 또한 깎아지른 듯하니 그야말로 천연의 요새다.

하지만 이 구간에서는 몸 고생에 대한 푸념이 붙을 자리가 없다. 끊임없이 절경이 이어지며 우리 산만이 지닌 그윽함과 아기자기함, 호쾌함과 우뚝함을 두루 보여 준다. 그렇다고 길섶에는 조금의 눈길도 주지 않는다면 그 또한 어리석은 짓이다. 눈 밝은 이라면 솜다리(에델바이스) 같은 들꽃과도 눈인사를 나눌 수 있을 정도로 다양한 표정을 가진 산이기 때문이다.

이러기를 댓 시간, 발바닥과 산의 피부가 서로에게 익숙해질 즈음, 저 멀리 남도 자락의 노랫가락이 절로 터져 나온다. 어느덧 새재에 이른 것이다.

문경새재는 웬 고갠고
구부야구부야 눈물이 난다.
아리아리랑 스리스리랑 아라리가 났네.
아리랑 웅웅웅 아라리가 났네.

이리하여 문경새재는 '보통명사'가 된다. 새재와는 털끝만큼도 관계가 없는 진도에서도 구비구비 눈물나는 고개는 새재인 것이다.

추풍령을 넘으면 가을 낙엽처럼 떨어지고, 죽령을 넘으면 미끄러지지만, 이 고개를 넘으면 장원 급제라는 '기쁜 소식을 듣게 된다〔聞慶〕' 하여, 과거에 뜻을 둔 영남의 선비라 하면 몇 번이고 넘었을 문경새재. 더욱이 부산의 동래에서 한양에 이르는 이른바 영남대로가 지나던 백두대간의 으뜸고개였으니, 고개에 걸린 얘기 또한 진도아리랑의 사설만큼이나 구비구비가 아닐 수 없으되, 임진왜란과 신립(申砬, 1546~1592)에 얽힌 얘기는 곱씹어 보지 않을 수 없다.

그렇다고 여기서 역사책을 펼칠 생각은 없다. 때론 곧이 믿기 힘든 전설이 역사를 더 정직하게 반영하므로. 물론, 불행한 역사에 얽힌 전설일수록 역사에서는 허용치 않는 가정을 담고 있긴 하다. 하지만 후세 사가들의 역사 또한 담론의 형식으로 성립되는 것이므로, 역사에 문외한인 나로서는 집단 창작의 소산인 전설에 더 솔깃할 수밖에 없다. 전설은 이렇다.

때는 조선 선조 25년(1592), 임진왜란이 일어나자 조정에서는 신립을 삼도순변사로 임명하고 보검을 하사하였다. 이에 신립은 80여 명의 군관과 수백 명의 병사를 거느리고 충주로 내려갔다. 이어 부장들을 거느리고 새재로 가서 지형을 살핀즉, 전력의 열세인 아군이 천연의 요새인 이곳에 숨어 있다가 왜군을 덮치자는 것이 중론이었다. 그러나 그날 밤 꿈에 한 처녀가 나타나 충주의 탄금대에서 배수진을 칠 것을 호소했고 이를 따른 신립은 대패하고 말았다. 그런데 이 처녀로 말할 것 같으면, 일찍이 주흘산의 요귀로부터 신립이 구해낸 처녀였는데, 자신의 연정을 받아들이지 않은 신립에게 원한을 품고 스스로 목숨을 끊어 원귀가 되었다고 한다.

후세 사가의 말은 이렇다. 자신의 주력군이 기마병이었기 때문에 산악전을 피했고 결과는 궤멸, 조선 땅은 아수라장, 신립은 탄금대에 투신.

어쩌면 처녀 귀신은, 삼척 동자라도 당연히 구사했어야 할 전술을 포기한 신립(지배자)에 대한 민중들의 원망과 비웃음의 상징이 아닐까. 모름지기 우두머리가 된 사람이라면 마땅히 여럿의 목소리에 귀 기울일 일이다.

산은 참, 별것도 다 가르쳐 준다.

2000년 7월1일

텐트에 앉은 나방. 누가 불청객일까.

새재 · 하늘재

관음과 미륵이 만나는 곳

저녁노을을 잃어버린 지 오래다. 사람과 자연의 거리가 아득히 멀어진 탓이다. 그리고 그 사이에는 텔레비전으로 대표되는 대중 매체가 비집고 들어와 인간의 오관과 판단력을 대신한다. 가공된 현실이 실제를 압도하고 있는 것이다.

이제는 누구도 내일 날씨를 가늠하기 위해 저녁 하늘을 바라보지 않는다. '일기예보' 라는 것이 내일의 표정을 확정해 버리기 때문이다.

어릴 적, 운동회나 소풍 전날에는 어둠이 촘촘해질 때까지 서쪽 하늘을 바라보곤 했다. 그리고 노을의 그 '붉새' 가 잘 익은 홍시빛일 때는 딱히 누구에게랄 것도 없는 감사를 수십 번이고 반복하곤 했다.

뜀박질을 하듯이 후다닥 오르고 내리는 하루 산행이 아니라, 하루고 이틀이고 산 위에서 한뎃잠을 자야 하는 산행의 경우에는, 눈비가 오지 않는 한 저녁노을을 만날 수 있다. 꽉 찬 하루를 살았다는 뿌듯함과 내일이라는 시간 단위가 주는 경이로움에 설레지 않을 수 없는 '차분한 들뜸' 의 순간이다. 적어도 이때 만큼은, 어릴 적의 나와 남루할 대로 남루해져 버린 오늘의 나는 온전히 하나가 된다.

맨얼굴로 하늘을 마주할 수 있다는 것. 산이 우리에게 주는 큰 축복 가운데 하나다.

하도 높고 험하여 새들조차도 넘기 힘들었다 하여, 혹은 억새가 많아서, 또는 새로 낸 길이라 하여 새재라는 이름을 얻었다는 문경새재에서 다시 백두대간의 등성마루에 선다.

우선 조령샘에서 목을 축인다. 마침 샘 위의 산신각 앞에서 한판 굿이 벌어지고 있다. 무슨 애달픈 사연이 그리 많은지, 연신 손이 닳도록 빌어대는 아낙의 비나리가 측은하기보다는 자못 엄숙해 보인다. 나 또한 갈 데 없는 중생의 형편이지만, 그 아낙의 소망이 무엇이 됐건 그대로 다 이루어지길 빌어본다.

새재에서 이어지는 백두대간 길은 조령관을 지키던 군사들이 묵던 곳이었다는 군막 터를 지나 마패봉으로 이어진다. 또한 이 길은 조선 숙종 34년(1708)에 완성된 조령산성을 밟는 길이기도 하다.

천천히 걸어도 새재에서 마패봉까지는 한 시간이 채 걸리지 않는다. 국립지리원에서 만든 지형도에는 마역봉이라 나와 있으나 이곳 사람들은 마패봉이라 부르므로 그것을 따르기로 한다.

마패봉에 올라 엷은 구름에 어린 노을을 좇아 먼데 눈길을 주니, 자연스레 사방을 에워싼 봉우리들이 얼굴을 내민다. 동쪽으로 부봉, 서쪽으로 신선봉, 남쪽으로 조령산과 북쪽으로 월악산이 저마다 우뚝하다. 그 중에서도 월악의 기골은 단연 으뜸이다.

마패봉에서 동쪽으로 30분쯤 가면 어른 한 명쯤 지나다닐 정도 너비의 조령산성 북쪽 암문(暗門)에 닿는다. 누(樓)가 없긴 해도 명색이 문(門)인 만큼, 제법 너른 공터가 하룻밤 묵어 갈 자리를 내어 준다.

하늘이 수상하다. 숨바꼭질하듯 언뜻언뜻 비치던 별들도 꼭꼭 숨어 버렸다. 밤새도록 비를 맞아야 할지도 모르겠다.

다시 아침, 물기 머금은 바람이 참나무 잎을 스친다. 간간이 비가 흩뿌리지만 쨍쨍 햇빛보다는 오히려 낫다.

북암문에서부터는 터널을 이룬 듯한 참나무 숲길이 계속된다. 내쳐 이 길을 가면 하늘재에 닿건만, 역설적이게도 하늘은 그 모습을 보여 주는 데 무척 인색하다. 참나무 잎사귀 사이로 열린 조각난 하늘은, 차라리 색깔이 다른 참나무 잎으로 보는 게 옳을 성싶다.

조령산성 북암문에서 동암문까지 한 시간 남짓 걸리는 길은 아껴 걷고 싶을 정도로 호젓하지만, 동암문에 이르면 사람살이의 흔적을 짙게 느낄 수 있다. 이곳에서 서쪽으로는 조령관 아래의 동화원으로 연결되고, 동쪽으로는 달목〔月項〕이라는 예쁜 이름의 동리와 연결되는 탓이다.

동암문에서는 거의 정남쪽 방향으로 심하게 방향을 틀었다가 부봉

(857m) 못미처 동쪽으로 휘도는 백두대간의 등성마루는 월항재를 내려다보고 선 봉우리(959m)에 이르러 다시 북쪽으로 몸을 세운다. 이 지점에서 뚝 떨어졌다 탄항산을 타고 넘으면 곧바로 하늘재다. 멀리 군더더기 없는 하늘금을 보이는 백두대간의 연봉들은 가히 압도적인 보폭으로 앞장을 서고 있고, 하늘재를 호위하듯 솟아오른 맞은편의 포암산(962m) 남쪽 암릉은 꽤나 고집스런 표정을 지어보이며 결코 호락호락하지 않은 산임을 암시하고 있다.

드디어 하늘재(520m)다. 백두대간에 열린 수많은 고개 중에서 가장 매력적인 이름을 달고 있는 곳이다. 언제부터 하늘재라 불린 지는 정확히 알 길이 없으나 이곳 사람들은 누구나 하늘재라 부른다. 옛 기록으로 남겨진 본디의 이름은 계립령(鷄立嶺). 기록상으로 볼 때 우리나라에서 가장 오래된 고개다. 『삼국사기』 권2 '신라본기' 를 보면, 아달라이사금 3년(156) 여름 4월에 계립령 길을 열었다고 적고 있다. 기록상 죽령보다도 2년이 앞선다. 또한 이 고개는 김유신이나 온달을 앞세워 『삼국유사』에 등장하기도 하는데, 둘 다 자기네 땅임을 주장하는 내용이다. 삼국이 팽팽히 맞서던 전략적 요충지였음을 짐작하게 한다.

하지만 이 고갯마루는, 이름에서 연상되는 아스라이 높은 고개라는 느낌과는 달리 북쪽으로 우뚝 솟은 포암산의 발치에 납작 엎드린 느낌이다. 그런데 왜 하늘재라는 이름을 얻었을까. 그러나 이런 의문도, 고개란 머물기 위한 길이 아니라 타고 넘기 위한 길이라는 사실을 떠올리면 쉽게 풀린다.

무슨 말인고 하니, 이 고개의 동쪽은 문경시 문경읍의 관음리고 서쪽은 충주시 상모면의 미륵리인데, 관음과 미륵을 이어주는 길이니 어찌 하늘에 이르는 길이 아니겠는가.

그렇다. 오늘의 관음과 내일의 미륵이 만나는 절대의 시간인 '이 순간'을 빼고 해탈과 극락을 말할 수는 없다. 관음과 미륵의 중재자로서 하늘재는 그것을 일깨우고 있는 것이다. 결코 이 말이 헛소리가 아님은 관음리와 미륵리 일대의 수많은 불상과 석탑들이 증언을 하고 있다. '이곳 그리고 이 순간'이 곧 극락이자 해탈의 순간임을 알라는 것이다.

저기 미륵 부처님이, 어서 오라 반기며 웃고 계신다.

2000년 8월 18일

고개란 머무는 곳이 아니라 이곳과 저곳을 이어주는 길이다. 하늘재도 그런 곳이다. 오늘의 관음과 내일의 미륵을 이어주는 고갯마루가 바로 하늘재다.

산새와 함께 깨어나 맞이하는 아침. 또 하루를 살아간다는 일이 얼마나 가슴벅찬 일인지 모르고 산다는 것은 얼마나 불행한가.

하늘재 · 대미산 · 황장산 · 저수령

산의

눈물로 피어나는

물봉선화

고추잠자리 한가로운 문경의 들판을 가로질러 하늘재에 오른다. 아직 가을걷이를 하기에는 이른 때인지라 들판엔 구실이 의심스런 허수아비만이 한껏 게으름을 피우고 있다. 고개를 숙인 채 누렇게 익어가는 벼들도 시름에 겨운 제 주인의 처진 어깨를 닮은 듯, 황금 들녘이라는 상투적 표현 따위는 얼씬도 하지 말라는 투다. 이제 우리에게 '농자천하지대본' 이라는 말은 너무도 잔인한 언사다.

하늘재 마루에서 바투 다가서 바라보는 포암산(962m)은 멀리서 바라보는 것처럼 압도적이지는 않다. 이 산은 달리 베〔布〕바우산이라고도 부르는데,

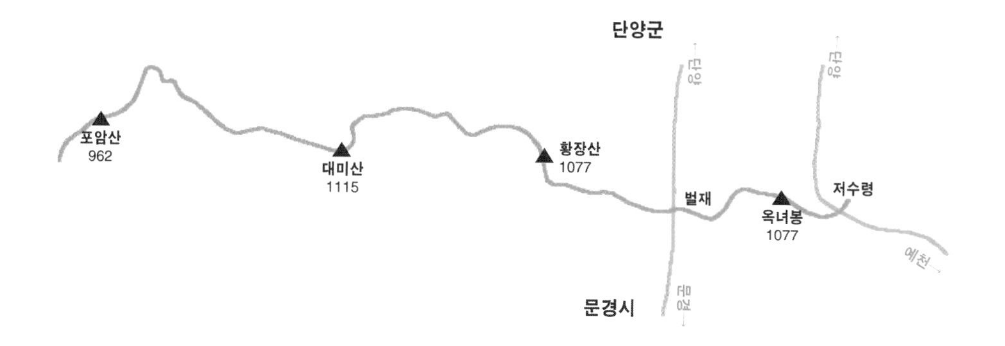

암릉으로 이루어진 정상의 모습이 마치 베로 덮어 놓은 듯하다는 데서 유래한 것이라 한다. 또한 이 산은 희게 우뚝 솟은 모습이 껍질을 벗겨 놓은 삼대 같다 하여 마골산(麻骨山)이라고도 불리었고 계립산(鷄立山)이라는 옛 기록도 가지고 있다.

하늘재에서 포암산 정상까지는 한 시간 남짓이면 충분하나, 중턱쯤에서 만나게 되는 동양화풍의 소나무와 어우러진 바위 기슭에서 주흘산 쪽으로 열린 조망을 즐기거나 순백의 꽃잎을 피워 올린 구절초와 눈인사라도 나누려면 좀더 넉넉한 시간을 잡는 게 좋다.

포암산 정상을 벗어나서 충주시 상모면으로 길을 열어두고 있는 관음재에 이르기까지는 돌계단을 놓은 듯한 암릉을 지나야 한다. 짧긴 해도 오르내림이 잦아 두 다리에 꽤나 부담을 안겨야 한다. 그러나 관음재를 지나 제천시계를 만나면서는 순한 길이 이어진다. 이곳에서부터는 대미산(1,115m)의 품을 걷는 셈이지만 정상까지는 꼬박 반나절은 다리품을 팔아야 할 거리다. 더욱이 무성한 참나무가 시야를 장악하고 있어서 대미산의 자태는 가끔씩밖에 볼 수 없다.

대미산의 정상은 '크게 아름다운 산〔大美山〕' 이라는 이름과 달리 둘레에 억새만이 무성한 밋밋한 형국이다. 그러나 정상을 지나 북쪽 기슭에 걸린 눈물샘에 이르면, 이 산의 또 다른 이름으로 조선시대에 펴낸 「문경현지」에 '문경 여러 산의 할아버지' 라는 말과 함께 적혀 있는 '검푸른 눈썹 산〔黛眉山〕' 이란 한자 이름이 더 그럴싸하게 느껴진다. 눈물샘이라는 이름은 필시 후대의 말솜씨 좋은 누군가로부터 비롯되었을 것인데, 어쨌거나 눈썹 아래서 솟아나는 산이니 눈물샘인 것만큼은 틀림이 없겠고, 목마른 산꾼들에게는 눈물이 날 만큼 반가운 샘이기도 하다. 보랏빛 물봉선화가 이끄는 내리막으로 조금만 내려서면, 한 바가지로 세상 모든 것을 얻은 듯한 해갈의 기쁨을 맛볼 수 있다.

가을의 문턱에서 맞는 산 속의 아침은 각별하다. 벽공(碧空)이라는 말이 저절로 떠올려지는 하늘의 본 때깔과 순도 100%의 투명한 공기, 그리고 어린 아이의 귓볼을 뺨에 부비는 듯한 느낌의 따스한 햇살. 살아 있다는 것만으로도 감사에 감사를 거듭하지 않을 수 없게 된다.

앞으로 가야 할 길은 황장산 넘어 벌재를 지나 저수령까지. 족히 하루 해를 바쳐야 할 길이다. 하지만 햇살 좋은 가을 하늘 아래서라면 결코 재촉할 일이 아니다. 더딘 걸음이어서 길이 끝나기 전에 해를 보내야 한들 그게 무슨 대수랴. 석양이 장엄하는 하늘 한 귀퉁이를 엿볼 수 있다면 그 또한 행운일 터.

황장산(1,077m)은 흔히 춘양목이라 불리는 금강송에 버금가는 질 좋은 소나무인 황장목(黃腸木)이 많았다는 데서 비롯된 이름이다. 나이테에 누런 송진이 배어 든 모양을 일컬어 황장(黃腸)이라 한 것인데, 뒤틀림이나 갈라짐

이 없어 궁궐의 목재나 임금의 관, 또는 배를 만드는 데 주로 쓰였다고 한다. 하지만 아쉽게도 지금의 황장산에는 질 좋은 소나무가 거의 없다. 대부분 참나무로 숲의 천이가 이루어졌기 때문이다. 하지만 조선 숙종 때 봉산(封山)으로 지정돼 나라에서 관리했다는 사실을 증언하는 표석은 문경시 동로면 명전리에 남아 있다.

황장산의 정상 직전은 아슬아슬한 암릉으로 이루어져 있지만 사람의 근접을 막는 정도는 아니다. 황장산 정상에서의 조망도 꽤나 근사하다. 동북쪽으로는 첩첩한 산줄기 위 아득한 곳에 소백산의 훤칠한 능선이 허리에 구름을 두르고 서 있다. 황장산을 내려서면 암릉을 지나자마자 급전직하의 낭떠러지에 가까운 내리막을 달려 벌재(620m)에 이르게 된다. 문경시 동로면과 단양군 대강면을 잇는 고개로, 이 고개의 북쪽 너머 대강면 방곡리는 도예촌으로 널리 알려진 곳이다.

벌재에서 저수령(848m)까지는 서너 시간이면 족한 만큼 그리 힘든 길이 아니다. 저수령이 워낙 높은 곳에 자리한 탓에 산이 허리를 크게 낮추지 않기 때문이다. 경북 예천군 상리면과 충북 단양군 대강면을 잇는 이 고개의 이름은, 큰 길이 나기 전 험난한 산길 속으로 난 오솔길이 워낙 가팔라 길손들의 '머리가 절로 숙여졌다〔低首〕' 는 데서 비롯되었다고 한다.

비굴이 아닌 고개 숙임. 잦을수록 좋지 않을까 싶다.

2000년 9월 4일

가을의 문턱에서 맞는 산 속의 아침은 각별하다. 벽공이라는 말이 저절로 떠올려지는 하늘의 본 때깔과 순도 100%의 투명한 공기, 어린아이의 볼을 부비는 듯한 느낌의 따스한 햇살. 살아 있다는 것만으로도 감사를 거듭하게 된다.

하늘재 아래 관음리의 마애불. 과수원 옆 묵정밭 귀퉁이에 있는 듯 없는 듯 서 있다. 세월의 풍상에 마모돼 기우는 햇살이 그림자를 만들어 줘야 윤곽을 드러낸다.

이른 가을. 한 자지에 노랑, 빨강, 초록. 무얼 주저할 것인가. 그냥 흔들려도 좋을 듯.

저수령 · 도솔봉 · 죽령

무겁게

구해야만

쉬 버릴 수 있다

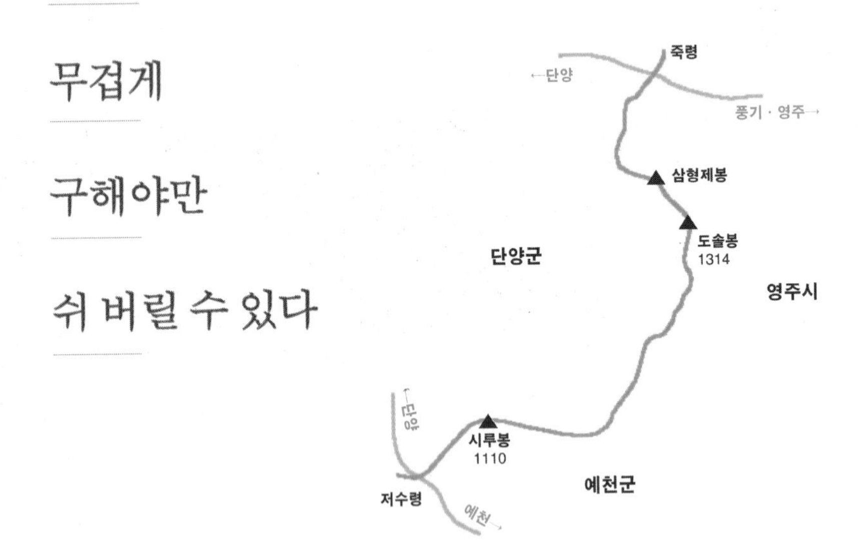

가을이다. 서정주 시인의 노래마냥, "초록이 지쳐 단풍 드는" 때다. 그래서 가을은 슬프게 아름답다. 계절이 저물녘으로 접어든 때문일까. 아니다. 그건 아니다. 계절이야 매양 뒤바뀌는 것이 정한 이치이고, 다가올 겨울을 예감하기에는 아직 대지는 너무 싱싱하다. 그런데 왜?

남은 모든 기운을 모조리 쏟아낼 듯 이글거리는 태양의 몸짓이 내 마음 한 자락을 숙연하게 하기 때문이다. '미련 없음' 이란 바로 저와 같아야 하리. 그리고 그 빛을 온몸으로 받아내어 색색으로 피어나는 꽃들 또한 참으로 옹골차다. 모름지기 남의 은덕으로 사는 모든 것들은, 받은 것 갈무리하기를 저와 같이 하여야 하리.

이로써 가을은, 하늘과 땅 사이에 있는 모든 존재의 궁극을 한 폭의 만다라로 펼쳐 보인다. 하여, 가을의 아름다움은 치열하고도 처절하다. 그래서 가을은, 그것도 문턱에 선 가을은 슬프게 아름답다.

해마다 봄 · 가을이면 청명한 날을 골라, 아껴 보던 책들에 바람을 쐬어 주시는 한 스님이 있었다. 그때만큼은 상좌는 물론이거니와 함께 사는 이들도 책 근처에는 얼씬도 못하게 했다는데, 평소에도 스님은 책을 읽을 때 허투루 만지면 바스라지기라도 할 듯 소중히 다루었다고 한다. 이보다 더 지극한 책 사랑이 또 있을까 싶다.

그 스님이 바로 성철스님이다. 그런데 역설적이게도 스님께서는 생전에 늘 납자들에게 책 읽기를 경계하곤 하셨다. 그러나 나는, 극명한 대조를 보이는 스님의 두 태도에서 조금의 모순도 발견할 수 없다. 그것을 나는, '무겁게 구한 자만이 쉬 버릴 수 있다' 는 귀한 가르침으로 받들어 새긴다. 그것은 단순히 책을 아끼는 차원을 넘어 사물의 궁극에 다가가는 태도의 문제이기 때문이다.

내게 있어 산을 오르는 행위는 책을 읽는 일과 다르지 않다. 채움과 버림의 동시 작용이라는 점에서도 그렇고, 당장의 소용에 닿는 이익을 구하는 일이 아니기에 더욱 그렇다.

가을 산을 걸을 때는 한껏 게으름을 피워 보는 것도 괜찮다. 그러다 어디 볕 좋은 너럭바위라도 만나면, 주저없이 앉아서 온갖 잡동사니 생각들을 널어 말리며, 개중에 쓸만한 것 몇 개만이라도 여물게 할 일이다.

워낙 가파른 고갯마루라서 절로 고개가 숙여진다는 저수령(底首嶺, 848m)에서 소백산의 허리를 타고 넘는 죽령(697m)까지, 이번 산행의 목표다. 도상 거리만 18km 정도 되는 거리다. 그런데 웬일인지 이 구간에는 산 이름을 온전히 갖춘 봉우리가 하나도 없다. 하지만 그 속내를 알고 보면, 아쉬울 것도 이상할 것도 없다. 사실상 저수령서부터가 소백산의 품이라고 봐야 옳기 때문이다.

우선 봉우리의 이름부터가 소백산의 품 안임을 말해준다. 저수령에서 곧장 올라서면 '촛대봉(1,081m)' 이고 그곳에서부터 하루 해를 바치면 '묘적봉(1,148m)' , 연이어 '도솔봉(1,314m)' 이다. 도솔봉에서 내려서서 죽령을 지나면 제2, 제1연화봉을 지나 마침내 '비로봉' 이니, 이 모든 봉우리들이 하나같이 '비로자나 부처님' 을 향하고 있는 셈이다.

저수령에서 촛대봉까지는 이마에 땀방울이 송글송글 맺힐 시간이면 충분하다. 때마침 이번 산행은 그믐이 가까웠던데다 저녁노을도 자취를 감춘 늦은 시간에 시작했기 때문에 촛대봉에 올랐을 때 별들은 이미 여물어 있었다.

유난히 반짝이며 어둠의 밀도를 높이고 있는 별들과 눈맞춤해 본다. 누운 자세여서 고개를 들지 않아도 되니 더욱 좋다.

숲이 두런거린다. 선잠에서 깨어난 아이마냥 뒤척이는 바람 탓이다. 그래도 바람결은 아직 투실하다. 말라버리긴 했어도 아직 나뭇가지들이 잎사귀를 달고 있기에 바람살이 상처를 입지 않기 때문이다. 밤새 안녕할 수 있을 것 같다.

촛대봉에서 내려섰다 올라서면 투구봉(1,110m). 그곳에서 아침을 맞는다. 아직 비로봉은 아득히 멀다. 도무지 사람의 발길로는 닿을 수 없는 곳인 양, 흰구름을 덮고 누워 있다.

투구봉 주변에는 유난히 투구꽃이 많다. 그 꽃을 보노라니 슬며시 객쩍은 생각이 고개를 든다. 만약 전장에서 장수들이 진보라빛의 저 투구꽃을 닮은 앙증맞은 투구를 쓰고 적진을 향해 돌진한다면, 과연 싸움이 이루어질까? 결코 그럴 것 같지 않다는 확신이 든다. 그렇다면 우리네 인간사에서는 왜 전쟁이 끊이지 않는 것일까? 일상의 폭력성. 역시 문제는 그것이다. 필요 이상의 것, 제 몫이 아닌 것만 탐내지 않아도 다툼의 원인은 거의 소멸될 텐데. 그것이 그렇게 어려운 일일까?

투구봉에서부터 도솔봉까지는 대체로 원만한 길이다. 우뚝 솟은 봉우리도 깊숙이 내려앉는 허리도 없어서 울울한 느낌은 없지만, 창창한 느낌은 눈부실 만큼이다. 더하여, 드물지 않게 눈에 띄는 마가목의 붉은 열매는 태양의 속알맹이가 딱 저렇겠지 싶을 정도의 순일한 붉음으로 눈을 황홀케 한다. 바라만 보아도 자연의 원초적 힘을 나눠받을 것 같아서 보고 또 본다.

이렇게 두리번거리다 보니 어느덧 묘적봉이다. 코앞의 도솔봉은 압도적이리 만큼 웅장하나 그렇다고 보는 이의 기부터 꺾고 보는 그런 형국은 아니다. '도솔' 이라는 이름에 어울리는 꼭 그만큼의 장엄이다.

때맞춰 도솔봉에 저녁노을이 걸린다. 놓기도 전에 먼저 빼앗기는 넋. 이미 내 것이 아닌 나의 넋 또한 저 노을 한 귀퉁이에서 수줍게 물든다. 이곳이 만약 어린왕자의 나라였다면, 자리만 조금씩 옮겨 앉아도 오래도록 노을을 볼 수 있을 텐데. 하지만 자연의 시간은 털끝만큼의 오차도 없고 내 보폭은 턱없이 짧다.

또 아침. 도솔봉을 앞에 두어선지 소백산의 웅좌가 더욱 근사하다. 저 홀로 잘나지 않아서 더욱 아름다운 저 모습. 조화는 자연의 또 다른 이름.

묘적봉에서 바라본 도솔봉은 손 내밀면 닿을 듯 가깝게 느껴지지만 실제로 걸어보면 두 시간에 가까운 거리다. 높이와 높이 사이의 숨은 공간을 눈치채기 힘들기 때문이다.

도솔봉의 정상 직전은 꽤나 긴장이 필요한 암릉이다. '도솔'에 이르려면 이 정도의 공은 들여야지 하는 듯이. 그러나 도솔봉에서부터 죽령까지는 편안한 내리막이다. 시작 부분에서는 조릿대 숲 푸르름을 나누어 받고, 끝날 무렵에는 돌틈에서 흘러내리는 샘물로 갈증 달래면 이내 죽령이다.

2000년 9월 18일

도솔봉에 저녁노을이 걸린다. 놓기도 전에 먼저 빼앗기는 넋. 이미 내 것이 아닌 나의 넋 또한 저 노을 한 귀퉁이에서 수줍게 물든다. 어린 왕자의 나라였다면 자리만 조금씩 옮겨도 오래도록 노을을 볼 수 있을 텐데. 하지만 시간은 오차가 없고 인간의 보폭은 턱없이 짧다.

소백산(죽령~고치)

억새와 함께 너울거리는 하늘 길

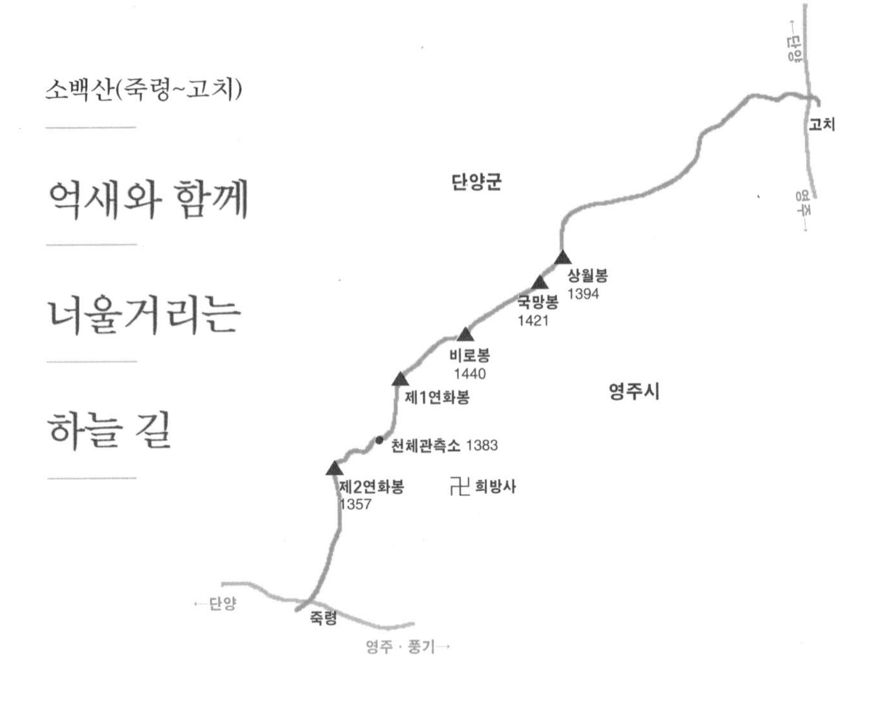

참으로 빼어난 것일수록 평범해 보이고, 꽉 찬 사람일수록 낮아보인다고 했던가? 잎사귀 다 내려놓은 나무들 사이로, 달빛 넉넉히 내려앉는 소백산의 자태가 딱 그랬다.

결코 낮지 않은 높이(1,440m)임에도 저 홀로 우뚝함을 자랑하지 않고, 당당한 체구를 지니고서도 주위를 압도하지 않는 산. 소백산은 그런 산이다. 그래서 '소백' 은 스스로를 내세우지 않는 군자처럼 자신의 이름에 '작을 소(小)' 자를 앞세운 것인지도 모른다.

최고봉에 '비로' 라는 이름을 단 산은 더러 있다. 익히 아는 산인 치악산과 금강산도 가장 높은 봉우리의 이름은 '비로' 다. 그런데 1만 2천 봉우리로 널리 알려진 금강산과 원만한 형태의 몇 개 봉우리로 이루어진 소백산은 극명한 대조를 보이는데, 이는 일체의 존재를 '진리의 몸'으로 파악하는 비로자나 즉 법신불(法身佛)의 세계에서는 이(理, 본질)와 사(事, 현상)가 궁극적으로 하나임을 가르치는 것이 아닌가 싶다.

죽령(689m)에 선다. 달돋이 전의 어스름이 빛과 사물의 경계를 흔드는 시간이다.

경북 영주시 풍기읍과 충북 단양군 대강면의 경계에 선 죽령은, 문헌 기록상으로 포암산 아래의 하늘재, 즉 계립령에 이어 두번째로 열린 고갯길이다. 『삼국사기』 제2권 신라본기 제2를 보면 "아달라이사금 5년(158) 봄 3월에 죽령 길을 열었다"고 적혀 있다. 하늘재는 그보다 2년 앞서 열린 고개다.

『삼국유사』에도 이 고개에 얽힌 얘기가 전하는데, '모죽지랑가'라는 향가로 우리들의 귀에 익은 '죽지랑'의 탄생 설화가 그것이다. 신라 진덕여왕 때의 사람인 술종공이 삭주도독사가 되어 임지로 가던 중 죽지령에 이르니 한 거사가 고갯길을 고르고 있는 것을 보고 크게 감동 받은 바 있는데, 한달 후 그 거사는 죽어 술종공의 집에 환생했고, 그래서 아이의 이름을 '죽지(竹旨)'라 했다는 것이 대강의 줄거리다.

또 이 고개에는, 어느 도승이 고개가 하도 가팔라 대지팡이를 짚고 오르다 마루에 이르러 지팡이를 꽂은 것이 살아났다는 전설이 전하지만, 지금은 그런 운치와는 거리가 먼 유행가 가락만이 요란한 시끌한 고개가 된 지 오래다.

죽령의 불빛이 아슴해질 무렵, 달이 그것도 꽉 찬 달이 둥싯 솟는다. 문득, 서거정이 읊었다는 시구 하나가 떠오른다. 『동국여지승람』에 전하는 한 구절을 옮겨본다.

"소백산이 태백산에 이어져, 서리서리 백 리나 구름 속에 꽂혀 있네."

그러나 지금은 달 좋은 밤, 서거정의 구름은 흔적도 없고, 달빛만이 하늘에 이르는 길이 예인 양 메마른 시멘트 포장길을 금빛으로 물들이고 있다.

산 좋은데 물까지 좋은 곳 드물고, 더하여 인심까지 좋은 곳 더욱 귀하다는 말도, 기실은 사람들의 끝간 데 모를 욕심에서 나왔다는 걸 모르는 바 아니지만, 달빛에 별빛이 녹아버린 건 진한 아쉬움으로 다가온다. 제2연화봉(1,357m)을 지나 천문대의 불빛이 보이자 그런 생각은 더욱 간절하다. 1973년에 세워져 우리나라 최초로 직경 61cm의 반사망원경이 설치된 소백산천문대. 그 옆에서라면 맨눈으로라도 멋진 별바라기를 할 수 있을 것이라 생각했는데 .

그래도 천장이 부실한(?) 잠자리에 누워 바라본 하늘은 장관이다. 바람 따라 흐르는 여린 이내 사이로 언뜻언뜻 비치는 별빛은 강물 위에 내린 별인 듯 또 다른 정취를 자아낸다.

아침, 태양의 기운이 서리를 거두어간 뒤, 제2연화봉을 향해 걸음을 옮긴다. 이곳부터는 해발 고도가 1,300m를 웃돌기 때문에 산마루에는 거의 억새뿐이고, 기슭에 무리지은 철쭉들도 지난 봄 붉게 타올랐던 화려한 추억만을 앙상한 몸매 속에 저미고 있다.

천문대를 지나 제2연화봉을 비껴 비로봉 가는 길은 '자연 탐방로' 라는 행정용어투의 멋없는 이름이 붙어 있지만, 등산객들의 발길에 지친 산의 피부를 보호하기 위해 구름다리처럼 만들어 놓아서 제법 운치가 있다. 그리고 그 길의 중간쯤이 살아 천년 죽어 천년이라는 주목 군락지다. 또한 그 군락지 사이에는 천상의 이슬만을 거둔 듯한 샘물이 있으므로 목마른 등산객들에겐 그야말로 '감로의 땅' 이다.(사족 하나 보태자면, 아무리 갈증이 심하더라도 천문대 앞 자판기의 음료수는 드시지 마시기를. 그래야만……)

천연기념물 제244호인 주목 군락지는, 4만 5천여 평에 이르는 보호 지역에 200~700년에 이르는 수령의 주목 2,000여 그루가 무리를 이루고 있다. 소백산에 가 본 사람이라면 누구나 한번쯤 혼이 났을 세찬 바람의 몸짓이 고스란히 담겨 있는 범상치 않은 나무의 모양이 다른 지역의 주목과는 다른 느낌을 준다.

주목 군락지에서 조금만 올라서면 비로봉(1,440m)이다. 사방 어디고 걸림이 없다. 연화봉은 물론이거니와 죽령 너머 도솔봉과 저 멀리 월악산까지 조망할 수 있다.

비로봉에 서서 사방을 둘러보며 바람을 맞아보면, 왜 이 봉우리의 이름이 법신불의 이름을 딴 '비로' 인지를 단박에 느낄 수 있다. 어디 하나 모난 데 없는 원만한 형상에 사방이 툭 터진 활달자재한 경계는, 진리의 빛으로 온 세상을 감싸는 비로자나부처님의 세계 그 자체인 것이다.

비로봉을 지나 국망봉 넘어 상월봉까지의 부드러운 능선 길은 장쾌하기로 치면 한국 산 중 으뜸이자 소백산의 백미다. 바람에 몸 맞기며 억새와 함께 너울거리자니 천상의 길이 바로 이곳이 아닌가 싶다.

노을지는 국망봉을 뒤로 하고 달 떠오르는 상월봉을 오른다. 낙엽 싸르락거리는 소리가 첫눈 밟는 때만큼이나 상쾌하다.

다시 아침. 소백이 아껴둔 비경인 상월봉 일대를 천천히 살피며 서서히 몸을 낮추니, 이른바 양백지간, 소백과 태백 사이의 고갯마루인 '고치' 다. 소백산과 헤어져 선달산을 지나 태백으로 들어서는 길목이다.

역시 작별은 고갯마루에서가 제격이다.

2000년 10월 16일

이슬과 눈 사이. 소백산의 세찬 바람에 몸 움츠린 물알갱이들.

부드러우면서도 장쾌하기가 우리나라에서 으뜸이라 할 만한 국망봉 능선

소백산 상월봉에서 따라가 본 별의 궤적.

고치 · 선달산 · 도래기재

겨울은

수직으로 온다

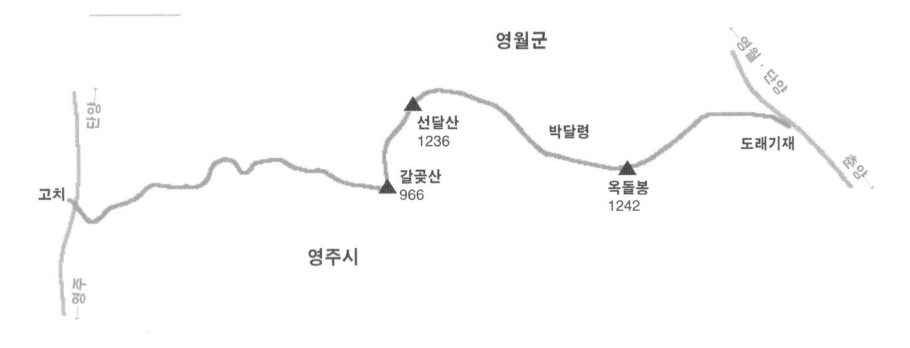

겨울은 어디에서 오는가. 삭풍을 따라서 북에서 남으로? 지도에 가로로 구불구불한 선을 그려 놓고, 단풍이나 첫서리의 남하를 알리는 기상 통보관의 말을 따르자면 그렇다. 하지만 그걸 곧이 다 믿는 것은 조금은 게으르거나 낡은 생각이다. 저기 설악산의 머리에 서리가 내려앉을 때도 아랫자락의 양지바른 곳에서는 쑥부쟁이가 수줍은 웃음을 흘리기도 하고, 내장산에 단풍이 다 들기도 전에 지리산 꼭대기는 푸르름을 땅 속으로 저미기도 한다. 이렇듯 겨울은 수직으로 온다. 하늘에서 땅으로.

아직도 저잣거리엔 아침과 한낮을 번갈아 겨울과 가을이 한살림을 하고 있건만, 산 높은 곳엔 이미 겨울이 깊다. 두터운 옷으로 몇 겹을 감싸고도 모자라 잔뜩 웅숭그린 몸을 이끌고 그 속으로 스며든다.

다 벗어버리고도 아무렇지도 않은 나무들의 모습이 너무도 의연하다. 시간을 초월한 듯하다. 그 모습이 하도 높아 보여, 성큼 다가가 감싸안고 숨결을 나누어 본다. 하지만 내 몸의 더께는 나무의 맥박을 느끼기엔 너무 두껍다. 다시 몸을 옮겨 키 작은 나무들의 가지를 훑어본다. 잎눈들이 손바닥을 간지른다. 고밀도로 응축된 생명의 부피다. 그 속엔, 지난 봄과 다가올 새봄이 오롯이 함께 있다. 나무는 이렇게 영원한 오늘을 살건만, 나는 왜 지난 시간에 미련을 버리지 못하고 다가올 미래에 안절부절못하는 걸까.

이번 산행은 소백과 태백 사이, 이른바 양백지간으로 불리는 고치(재)에서 선달산(1,236m)을 넘어 도래기재까지다. 도상거리로만 25km에 가까운 꽤나 부담스런 거리이지만, 우뚝한 두 산을 이어주는 구실에 충실하려는 듯 다소곳한 흐름을 보이는 육산이므로 큰 무리는 없다. 하나, 산을 대하는 태도만큼은 자신도 모르는 사이에 매무새를 가다듬게 하는 위엄을 지니고 있다.

시작 지점인 고치(760m)는 경북 영주시 부석면과 충북 단양군 단산면을 이어주는 고갯마루로, 이 고을 사람들 특히 단산면 사람들에게는 성스런 장소로 대접받고 있다. 산에 신령함이 깃들어 있다는 믿음은 인류 보편의 정서이지만, 산의 품에 안겨 산을 넘나들며 삶을 이어온 산마을 사람들에 있어 고개란, 단순히 한숨 돌리고 다리쉼을 하고 가는 곳이 아니라 신앙의 대상이 아닐 수 없다. 그런데 특이하게도 고치의 산신각에는 소백과 태백의 두 산신을 나란히 모시고 있다. 산이라는 지리 공간을 분절적으로가 아니라 거대한 흐름으로 파악한 백두대간의 인식 체계를 새삼 확인하는 순간이어서 두 산신을 향해 넙죽 절을 올리지 않을 수 없었다.

고치에서부터 키를 높이는 대간 길은 높이 950m인 첫 봉우리에 이를 때까지 허허로운 참나무 숲을 지나는 된비알이다. 여름 같았으면 극심한 고통을 안겼을 오르막이 오히려 추위를 줄여주니 반갑기조차 하다. 역시 고통에 대한 체감 지수는 상대적인가 보다.

백두대간의 마루에서 별빛과 눈맞춤하는 것으로 또 하루를 접는다. 내 삶의 나이테에 얼마만큼의 흔적으로 남을지 모를 찰나에 불과한 시간이지만, 산과 함께 잠들고 산과 함께 아침을 맞을 수 있다는 생각만으로 행복한 순간이다.

겨울 산 속의 아침은 태양의 위대한 힘을 실감케 한다. 미세한 높이의 변화에도 정직하게 반응하는 체감 온도와, 시시각각으로 변하는 바위와 나무와 풀들의 표정은, 이 지구라는 생태계가 저 원초적 에너지의 불덩어리에서 비롯됨을 알게 한다. 사족삼아 한마디 더 보태면, 생물계의 95%를 차지하는 1차 생산자로서의 식물은 '광합성' 이라는 태양의 에너지를 머금는 일로 지상의 뭇 생명을 거두어 낸다.

다시 배낭을 꾸리고 선달산을 향한다. 잰 걸음이 아니어도 한나절이면 족한 거리다. 그런데 아쉽게도 선달산은—과문한 탓인지 모르겠으되—'선달(先達)' 이라는 한량끼 넘치는 이름의 유래는 물론이거니와 그 흔한 전설 한토막도 간직하고 있지 않다.

어쨌든 극심한 오르내림 없이, 이제는 옛 기억을 거의 잃어버린 미내치와 제법 넓은 길을 열어놓고 있는 마구령을 지나 갈곶산을 올라 북쪽으로 몸을 틀면 선달산이 눈앞에 걸린다. 이우는 저녁 햇살을 등에 지고 선달산을 오르자니 엷은 이내 속에서 실루엣을 드러내는 산의 자태가 자못 신비롭다.

선달산의 조망은 썩 빼어나지는 않다. 정상 주위로 사람의 키를 넘는 나무들이 둘러서 있기 때문이다. 그래도 잎 떨군 나뭇가지 사이로 다가서는 태백과 함백의 우람한 자태는 밤새 웅크렸던 몸을 활짝 펴게 하기에 충분하다.

선달산에서 편안한 내리막길을 두어 시간 가면 박달령이다. 경북 봉화군 물야면과 춘양면을 이어주는 이 고갯마루에도 산령각이 있는데, 고치의 산신각과는 달리 '박달령 성황신' 을 모시고 있다. 이곳 또한 치성객들의 발길이 잦은 모양인지 산령각 안팎에 과일 등속의 제물들이 가지런히 놓여 있다. 큰 허물이 될 것 같지 않기에 성황신에 정중히 인사를 올리고 과일 한쪽씩 달게 얻어먹었다.

다시 성황신께 작별 인사를 올리고 옥돌봉(1,242m)이라는 예쁜 이름의 봉우리를 넘는다. 이름 치레를 할 양으로 정상에 선 몇 개의 바위를 빼면 둥두렷한 육산이지만 쉼없이 오르는 형국이어서 은근히 힘이 든다. 옥돌봉에서 곧장 내려서면 강원도 영월군 상동읍과 경북 봉화군 춘양면을 넘나드는 도래기재다. 마침 고개를 넘던 트럭 짐칸에 몸을 싣고 춘양면의 서벽 마을로 향한다.

하산의 아쉬움보다는 다음에 오를 태백 생각에 벌써 가슴은 달뜬다.

2000년 11월 6일

선달산에서 동쪽으로 휘어도는 백두대간의 아침.

선달산 1236m
PIONEER OF GREAT OUTDOOR
KOLON SPORT

편안한 잠자리를 허락해 준 선달산의 하룻
밤이 그림자로 되살아난다.

태백산

별빛 징검다리를 밟으며

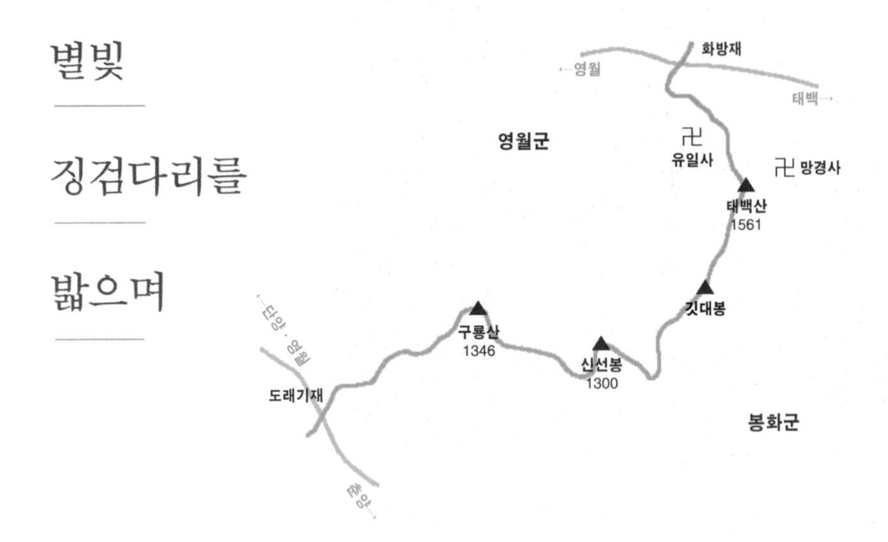

바람도 금속성 고체처럼 느껴지는 겨울 밤. 산마루에 서서 별을 본다. 시린 눈 달래느라, 물 먹는 병아리마냥 하늘 보고 땅 보며. 그러다 문득, 저 산 아래 아련한 추억처럼 가물거리는 불빛을 본다. 산마을 외딴 집 좁은 창문에서 새어나오는 사람의 빛이다. 아, 저곳에도 별이 있었구나.

내 어릴 적, 문풍지 비집고 들어온 조각바람에도 마구 흔들리는 알전구 아래서, 내 그림자와 키재기를 하며 겨울을 났다. 어젯밤은 고구마, 오늘밤은 무를 깎아 먹으며. 그리고 참 많은 꿈을 꾸었다.

산 아래로 내려앉은 별빛을 보며 생각해 본다. 만약 저 집에 어린 아이들이 살고 있다면 지금 무슨 꿈을 꿀까? 빨리빨리 자라서 어른이 되는, 도회지로 이사를 가는, 큰 회사의 사장님이 되는, 빛나는 별을 단 군인이 되는, 그런 꿈을 꿀까? 그 무엇이 됐건 절대로 꿈꾸기를 그만 두는 일만은 없었으면 좋겠다.

겨울 밤, 산마루에 서면 별의별 생각이 다 난다.

태백산으로 가까이 다가갈수록 하늘이 비좁아진다. 그 틈새로 난 길(998번 지방도로)을 따라, 강원도 영월군 하동면을 거쳐 경북 봉화군 춘양면으로 넘어가다 보면 백두대간 등성이에 고개 하나가 걸려 있다. 도래기재다. 이곳에서부터 구룡산 넘어 신선봉, 깃대봉, 부소봉 지나 태백산. 태백산에서 다시 허리를 낮춰, 함백산을 오르기 전에 잠시 숨을 돌리는 화방재까지가 이번에 가야 할 길이다. 도상거리는 24km 쯤. 하나같이 우뚝한 봉우리이고 첩첩이 휘돌아가는 길이지만, 산세가 그리 야박스럽지 않은데다 육산들이라 그리 고생스런 길은 아니다.

도래기재(780m)에서 구룡산(1,346m)을 오를 때는 서둘지 말아야 한다. 들머리가 된비알이기 때문이다. 잎 떨군 참나무 숲 사이로 우람한 소나무들이 시리게 푸르다. 소나무의 푸르름은 세한(歲寒)에 더 돋보인다는 옛 사람의 말을 실감한다.

구룡산의 꼭대기는 두어 시간 다리품에는 과분할 만큼의 빼어난 조망을 안긴다. 이곳에서는 태백과 함백의 웅좌가 손 뻗으면 닿을 듯 눈높이로 걸린다. 벌써 태백의 등마루는 눈을 덮고 있다. 한밝뫼, '크고 하얀 산' 이라는 태백의 우리말 뜻에 잘도 어울리는 모습이다.

구룡산에서부터 신선봉으로 이어지는 길은 태백산에서 멀어지는 느낌을 줄 정도로 동남쪽으로 휘돌아 깃대봉으로 오른다. 구릉에 가까운 형국에다 조릿대로 덮여 있는 깃대봉에서부터 길은 순해진다. 그러나 이때부터는 눈길이다. 한동안 발바닥과 눈이 실랑이를 하는 것 같더니 곧 정이 든다.

깃대봉에서는 눈앞에 태백산(1,561m)을 두고 곧장 나아가지만, 겨울 짧은 해는 부소봉(1,547m)에 닿기도 전에 제 온 곳으로 자취를 감추어 버린다. 하지만 그 아쉬움이 채 가시기도 전, 별빛은 눈길 위에 징검다리를 놓는다. 그 빛을 즈며 밟으며 부소봉 정상을 왼쪽으로 비껴 살포시 가라앉았다 솟으면 천제단이다.

아침, 또 새 날이 열리고, 하늘 가장 가까운 곳에 선다. 아득한 옛날부터 왜 사람들이 이곳에서 하늘에 제사를 올렸는지 알 것 같다. 이런 심경은 이미 오래 전에 고려 말의 문신인 안축(1287~1348)이 노래한 바 있으니, 나는 그저 옮기는 것만으로 분에 넘치는 즐거움을 얻는다.

허공을 곧추 올라 안개 속으로 들어서니

비로소 더 오를 곳 없는 산마루임을 알겠네.

둥그런 해는 머리 위에 나직하고

둘레의 뭇 봉우리들은 눈 아래 내려앉네.

나는 구름에 몸을 실으니 학의 등에 올라탄 듯하고

허공에 걸린 돌층계는 하늘 오르는 사다리인 양하네.

비 그치자 골짝마다 시냇물은 흘러 넘쳐

오십천 구비구비 가이없이 맴도네.

『신증동국여지승람』에도 고려 때의 사람인 최선(崔詵)의 예안 용수사기(龍壽寺記)를 인용하여 "천하의 명산은 삼한에 많고, 삼한의 명승은 동남에 가장 뛰어나다. 동남에서는 태백이 가장 빼어나다"고 적고 있다.

신라 때부터 태백산(북악)은 토함산(동악) · 계룡산(서악) · 지리산(남악) · 부악(중악, 팔공산)과 함께 오악(五嶽)으로 기림을 받았고, 고래로부터 하늘에 제사를 올려왔다. 정상의 천왕단 말고도 북쪽에 장군단, 남쪽에 하단(이름을 알 수 없음)이 있다.

태백산이 영산으로 받들어지는 것은, 환인(桓因)의 서자이자 단군의 아버지인 환웅이 하늘에서 내려와 나라를 세운 곳이라는 『삼국유사』의 기록에 기인한다. 『삼국유사』의 기이편을 보면, "환웅은 무리 3천 명을 거느리고 태백산 꼭대기의 신단수에 내려와서 이곳을 신시(神市)라 했다"고 적혀 있다. 하나, 일연스님은 분명히 태백산 옆에 '지금의 묘향산'이라고 명기했고, 지리적 · 역사적 의미로 봤을 때는 '백두산'이 바로 그곳이라는 게 많은 학자들의 견해다.

이를 간단히 정리하면, 신성한 산이라는 의미로서의 태백산은 보통명사에 가깝고, 「단군신화」에서 말하는 태백산은 백두산이며, 오늘의 태백산은 신시(神市)의 상징성을 간직하고 있는 산으로 이해하면 별 무리가 없을 성싶다.

어쨌거나 태백산은, 하늘에서 내려다보아 나라를 세울 곳으로 점지할 만한 그런 형상과 기운을 지니고 있는 듯하다.

천제단에서부터 백두대간은 유일사가 자리한 북서쪽으로 내리막을 이루며 화방재로 향한다. 천제단에서 북동쪽으로 500m쯤 아래에는 자장율사가 문수보살이 돌부처가 되어 솟아오르는 것을 보고 절을 지었다는 망경사가 있고, 그 옆에는 동강 어라연 물고기들의 간청으로 태백산의 산신이 되었다는 단종의 비가 세워져 있다.

2000년 11월 19일

바람도 금속성 고체처럼 느껴지는 겨울 밤. 산마루에 서서 별을 본다. 시린 눈 달래느라, 물 먹는 병아리마냥 하늘 보고 땅 보며. 그러다 문득, 저 산 아래 아련한 추억처럼 가물거리는 불빛을 본다. 산마을 외딴집에서 새어나오는 불빛이다. 아, 저곳에도 별이 있었구나.

신라 때부터 태백산(북악)은 토함산(동악) · 계룡산(서악) · 지리산(남악) · 부악(중악, 팔공산)과 함께 오악으로 기림을 받았고, 고래로부터 하늘에 제사를 올려왔다.

太白

바람 속에 섞인 물알갱이가 나뭇가지에 얼어붙어 만들어진 상고대는 눈꽃과는 또 다른 겨울산의 정취를 만들어 낸다.

매봉에서 남쪽으로 바라본 모습. 멀리 이내 속에 태백시가 잠겨 있고, 그 위로 낙동정맥의 산들이 이어진다.

함백산 · 매봉산 · 피재

한강 발원지서

동해를 본다

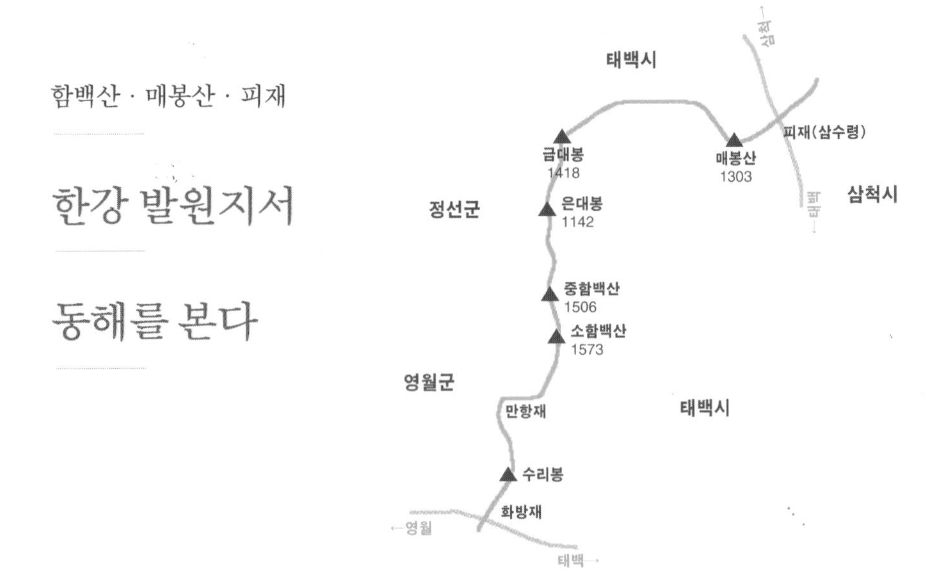

혼탁한 물이라 할지라도 얼음으로 바뀌면, 그 피부만큼은 하얗게 빛나며 물의 본성을 되살려 낸다. 겨울 찬바람이 순수한 물알갱이만을 들어올리는 까닭이다.

흔히들 겨울은 추워야 한다고 입을 모은다. 그렇지만 그 속내는 여럿이리라. 외투나 난로 같은 것들이 잘 팔려서 돈이 잘 돌기를 바라는 셈속도 있겠고, 냉랭한 공기에 온몸을 내맡기고 느슨해진 마음을 다잡고자 하는 생각도 있을 것이다. 더러는 텅 빈 들녘의 '아무 근심 없음'에 마음을 포갰다가, 어느 볕 좋은 봄날 아침, '아, 참 잘 잤다' 하고 기지개를 켤 수 있을 때까지 긴 겨울잠에 빠지고 싶기도 할 테고.

하지만 오늘의 우리는 온전히 겨울을 살아내지 못하고 있다. 네모난 공간에 스스로를 유폐시킨 채 달력 장이나 찢으며 계절을 넘기는 것이다. 좀더 벗어야겠다. 땀구멍으로 솟아나는 온기가 얼음의 결정처럼 빛날 수 있도록.

사철 그 모습대로 좋지 않은 산이 있을까만, 함백(1,573m)이야말로 겨울에 비로소 그 이름에 값한다. 돌무더기를 쌓아올린 듯한 바위로 이루어진 정상은 어차피 사철 변함없는 모습이지만, 사방에 거칠 것 없이 솟아오른 장대한 모습은 겨울에 더 선명히 드러나기 때문이다. 만약 『산경표』의 태백산 바로 위에 적힌 '대박산(大朴山)' 이 함백산을 가리키는 게 맞다면, 그야말로 '크고 밝은 산' 이라는 뜻에 딱 어울리는 형국이다. 남으로 길게 누운 태백산과 북으로 매봉, 두타, 청옥으로 이어지는 힘찬 기운이 그대로 전해 온다. 백두대간이 내륙으로 몸을 틀면서 불끈 힘을 준 근육이 바로 함백산임이 틀림없다.

함백산 정상에서 미끄러지듯 능선을 타고 내리면 철조망으로 둘러쳐진 주목 군락을 끼고 중함백(1,506m)으로 오르는 길이 나타난다. 함백산 자락이 맞나 싶을 정도로 평탄한 길이 한참 계속되다 불쑥 솟으면 중함백이다. 중함백에서 은대봉(1,142m, 상함백) 오르는 길도 사정은 비슷한데, 군데군데 때깔 고운 자작나무들이 '나 여기 있소' 하며 눈길을 끈다. 과연 '자작' 이라는 호칭을 얻을 법한 자태다. 그러나 마냥 자작과 길동무할 수는 없다. 상함백 또한 약속이나 한듯이 갑자기 시야를 압도하기 때문이다.

우리가 흔히 '태백산 정암사' 로 부르는 정암사도 실제로는 중함백 서쪽 계곡의 끝자락이 고한읍에서 만항재로 오르는 414번 지방도와 만나는 곳에 있다. 『삼국유사』의 탑상편에 전하는 창건 내력 한토막을 보자.

"자장법사는 처음에 오대산에 이르러 문수보살의 진신을 보고 산 기슭에 띠집을 짓고 살았다. 이레 동안이나 보이지 않더니 묘범산(妙梵山)으로 가서 정암사를 세웠다."

여기서 우리는 함백산의 또 다른 이름을 발견한다. 묘범산. 수미산을 일컫는 것으로 짐작하기에 어렵지 않은 이름이다.

우리나라 5대 적멸보궁의 하나인 정암사는, 신라 선덕여왕 때 자장율사가 부처님의 진신사리를 모셨다는 내력을 지닌 수마노탑(보물 제410호)을 등에 지고 오늘도 부처의 혜명을 잇고 있다.

은대봉에서 급하게 허리를 낮추는 백두대간은 맞은편 봉우리인 금대봉을 오르기 전에 싸리재(1,268m)라는 고개 하나를 열어 준다. 길이 산을 넘으니 고개는 분명 고개이지만, 높이로만 본다면 웬만한 산을 훌쩍 넘는다. 고한과 태백을 연결하는 38번 국도 위의 고개로서, 백두대간을 넘는 포장길로는 으뜸가는 높이를 자랑했으나 요즘은 아래로 굴이 뚫리는 바람에 인적이 뜸하다.

싸리재는 달리 '두문동재' 라고도 불린다. 고개 서쪽의 두문동에서 따온 이름이다. 석탄 산업의 쇠락을 증명이라도 하듯 주인 없는 집들이 대부분인 이 동네는, 아주 오래 전부터 가슴저린 역사를 속앓이 하면서 세월의 켜를 쌓아왔다. 이른바 '두문불출' 의 내력이 바로 그것이다.

본디 두문동은 북녘 땅 개풍군 광덕산 서쪽 골짜기의 옛 지명으로, 두문동 칠십이현으로 불리는 임선미, 성사제, 조의생 등 72명의 고려 유신들이 조선에 반대하여 벼슬을 버리고 은거한 곳이다. 또 다른 얘기로는 72명의 문신은 서두문동으로 숨어들었고, 48명의 무신은 동두문동으로 몸을 감췄는데, 이들 모두 조선 태조의 갖은 회유에도 불구하고 문밖을 나가지 않았다 한다. 이로써 '두문불출' 이라는 말이 생겨났는데, 이야기는 여기서 끝나지 않고 참극으로 이어진다. 인내의 한계에 다다른 태조는 끝내 이곳에 불을 질렀고 가까스로 살아난 몇몇이 고한 땅까지 흘러들었다는 얘기다. 이들 또한 '두문불출' 했음은 물론이다. 한데 요즘들어 고한읍에 불고 있는 '카지노' 의 열풍은, 당초의 기대와는 달리 현지인에게는 상대적 박탈감만 안기고 돈 잃고 패가망신한 사람에게는 돌이킬 수 없는 상처를 남기고 있다. 21세기형 두문동의 비극이 아닐 수 없다.

지난 얘기는 여기서 접고, 다시 대간 길을 잇자. 싸리재에서 백두대간은 금대봉(1,418m)을 오른다. 금대산으로도 불리는 이곳 북쪽 계곡은 한강 발원지로 확인된 검룡소가 있는 곳이기도 하다. 근래의 계측 결과 이곳에서 한강 하구까지의 직선 거리는 497.5km로 확인되었다.

금대봉에서 한두 시간 거리인 비단봉을 지나니 날이 저문다. 온통 고랭지 채소밭인 기슭을 한 시간 가까이 헤맨 끝에 매봉산(1,303m)에 오른다. 칠흑 같은 어둠을 뚫고, 멀리 동해 바다의 고깃배들이 환한 불빛으로 인사를 건넨다.

이곳에서부터 백두대간은, 저기 부산의 몰운대에 이르는 그동안 우리가 태백산맥으로 잘못 불러온 낙동정맥을 가지치고는 오른쪽으로 동해를 끼고 곧장 북쪽으로 백두산을 향해 줄달음친다.

2000년 12월 18일

태백산의 자작나무. 귀족적 자태 때문에 자작이라는 칭호를 얻은 이 나무도 태백산의 강풍과 추위 속에서는 색다른 모습으로 보인다.

매봉산 · 피재 · 구부시령

역지사지

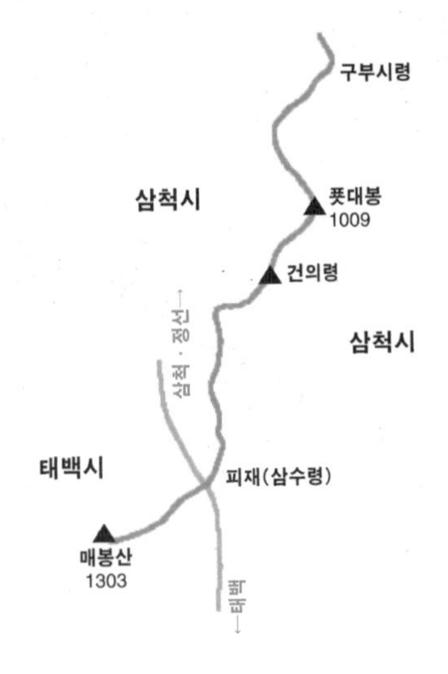

눈〔雪〕은 길을 지운다. 하지만 눈길은 내가 가면 곧 길이 되는 '길' 이다. 그래서 눈길은 조심스럽다. 뒤에 올 사람까지 허방에 빠뜨릴 수 있기 때문이다.

눈은 경계를 지운다. 하늘과 땅의 경계를 지우고, 백 년이나 천 년 전, 아니 그보다 훨씬 전에 길을 만든 사람과, 지금 그 길을 가는 사람의 경계를 지운다. 그래서 눈길은, 옮기는 걸음걸음을 희망으로 들뜨게 한다. 답습이 아니기 때문이다.

그러나 눈길은 고독하다. 끝없이, 이 길이 바른 길인가 하고 묻게 만들기에 더욱 그렇다. 그러다 어디선가 마주 오는 발자국을 만났을 때, 비로소 안도한다. 제대로 왔구나 하고. 그러면서 마주 온 발걸음에 포개어 앞으로 나아가다 오르막이나 내리막을 만나게 되면, 한순간 걸음은 엇박자가 된다. 내려오는 이와 오르는 이의 보폭과 발자국 모양이 어긋나는 탓이다. 그때 떠오르는 한 생각. '입장 바꿔 생각하기' 의 어려움이란 바로 여기에 있었구나. 결국은 한 길인데, 모양과 방법의 작은 차이에 걸려 상처를 주고 상처를 받았구나.

눈 덮인 겨울은 또 이렇게 가르친다.

역 · 지 · 사 · 지(易地思之)!

백두대간이 심호흡을 하는 곳, 매봉산(1,303m). 천의봉이라고도 불리는 이곳의 입지에 대해서는 정교한 이해가 필요하다. 그래야만 태백산맥을 왜 낙동정맥으로 바로잡아야 하는지를 분명히 알게 되고, 북에서 남으로 곧게 흐르던 이 땅의 등뼈가 이곳에서부터 남서로 방향을 틀어 내륙 깊숙이서 속리산을 솟구쳐 올리고 다시 남하하여 지리산에 이르는 그 실체를 온전히 파악할 수 있다.

우선 「대동여지도」의 발문에서 밝힌 바, '산은 물을 가른다(山自分水嶺)' 는 우리 고유의 지리인식 체계를 적용해 보자. 이른바 낙동강 수계라 불리는 영남 일대는, 매봉산에서 지리산까지의 백두대간과 매봉산에서 부산의 몰운대에 닿는 낙동정맥에 의해 형성된다. 산이 물을 가름으로써 사람살이의 터전이 마련되었다는 얘기다. 이러한 사실은 낙동강과 한강이 백두대간을 분수령으로 한다는 점에서 더욱 분명해진다. 모두가 아는 대로, 낙동강 천삼백 리(525.15km)가 영남의 북쪽 정점이자 백두대간 남쪽 기슭인 태백(황지)에서 발원하고, 한강 또한 백두대간 북쪽 기슭의 태백(금대봉 자락 검룡소)에서 시작한다. 거듭 강조하건대, 하루빨리 일제의 산물인 산맥 중심의 지리인식 체계는 고쳐져야 한다. 우리 땅은 1대간 · 1정간 · 13정맥의 체계로 파악해야만 그 실체가 분명히 드러난다. 이런 주장은 결코 새로운 사실이 아닐 뿐더러 '우리 것' 만을 고집하는 국수주의적 발상에서 나온 것은 더더욱 아니다. 그것이 가장 합리적이기 때문이다.

딱딱한 얘기는 여기서 접기로 하면서 사족 하나. '산이 물을 가른다' 할 때의 '가름' 은 배타적 가름이 아니다. 그것과는 반대로 조화의 다른 말이다. 음과 양, 물과 땅, 구름과 비 같은 관계를 일컫는 말인 것이다.

매봉산에서 피재(920m)로 내려서는 백두대간은, 요즘 같은 눈길에도 한 시간 남짓이면 족할 정도로 편안한 길이다. 삼척 쪽에서 난리를 피하여 넘었던 고개라는 데서 유래한 피재는 달리 '삼수령' 이라고도 불린다. 이 고갯마루 또한 하늘에서 떨어지는 물을 세 갈래로 나누는데, 갈라진 물들은 각기 한강과 낙동강 그리고 삼척 오십천으로 흘러든다.

피재에서 건의령으로 향하는 백두대간은 눈이 발목을 잡지 않는다면 그리 힘들지 않다. 그렇지만 콧노래를 부를 정도는 아니다. 조망이 빼어나지 않을 뿐 아니라 올망졸망한 봉우리들을 거푸 만나야 하므로.

건의령에서부터는 추위와 눈이라는 '산 넘어 산' 을 함께 올라야 했다. 몇십 년 전의 기록을 갈아치운 눈의 높이와 수은주의 깊이 사이에서 헤매게 된 것이다. 날 세운 바람은 무자비하게 살갗을 파고들었고, 무릎 가까이 빠지는 눈은 마치 거센 물살을 거슬러 오르기라도 하는 것처럼 두 다리의 근육을 무력화시켰다. 그러나 어쩌랴. 구르는 호박이 아니라 좁쌀 신세인걸. 한 걸음 한 걸음 밟아나가는 것 말고는 달리 방법이 없다. 더욱이 그것만이 체온을 유지하는 유일한 수단이고 보면, 이동 수단으로서가 아니라 생존의 몸짓이기도 했다.

간간이 앞서 간 토끼 발자국을 만난다. 그 여린 발자국에서 인간의 나약함을 절감한다. 참으로 강한 인간이 되고자 하면 '겸손' 말고는 달리 방법이 없을 것 같다.

덧붙여, 이번 산행에서는 '춥다, 힘들다, 길을 잃지 말아야겠다'는 것과 같은 지극히 동물적(?) 본능만이 나를 지배했다는 사실도 고백해야겠다. 그러나 그런 가운데서도 인간이란 존재의 무력함이나 인간 관계의 소중함에 대해서는 순간순간마다 절실히 느꼈다. 소중한 경험이 아닐 수 없다. 참으로 산은 엄부(嚴父)와 자모(慈母)의 모습을 아울러 갖춘 인생의 교사가 아닐 수 없다.

평상시 같았으면 서너 시간이면 족할 거리를 하루를 다 바쳐 도착한 곳은 '구부시령'을 눈앞에 둔 봉우리 아래. 눈을 다져 천막을 치고, 눈을 녹여 밥을 지어 먹고는 가진 옷 다 꺼내 입고 침낭으로 몸을 감싼다. 따뜻한 아랫목과 그리운 얼굴들을 그려본다. 그것만으로도 아주 행복해진다.

또, 아침. 오랫동안 사용하지 않던 기계를 움직이듯이 몸을 일으켜 세운다. 밤새 성에로 바뀐 입김이 눈처럼 쏟아져 내린다. 보이지 않을 뿐이지, 수많은 전생을 거쳐 오며 쌓인 업(業)이라는 것도 분명히 존재하겠구나 하는 생각이 퍼뜩 스친다. 절로, 매순간이 전(全) 생애와 같은 무게일 수밖에 없다는 생각으로 옮겨간다. 너무 거창한 생각일까?

아직 가야 할 길이 멀건만, 산행 목표의 반도 못 채우고 덕항산 아래 구부시령에서 태백시 하사미동 쪽 하산 길을 택한다. 계속 가는 일은 접어야 할 욕심임이 분명했다.

구부시령. 그 옛날, 요절한 남편 아홉을 모시고 살아야 했던 어느 기구한 아낙네의 삶에서 비롯한 이름이라 한다. 그런 신산스런 내력을 지닌 고개건만, 상념에 젖을 겨를도 없이 내려서는 발걸음은 야박스럽게 가볍다.

다음 산행에서는 심설(深雪) 산행의 운치와 겨울 산의 장쾌함을 제대로 느끼기 위해 좀더 많은 준비를 해야 할 것 같다.

2001월 1월 15일

눈길은 고독하다. 끝없이 이 길이 바른 길인가를 묻게 하기에 더욱 그렇다. 그러다 어디선가 마주오는 길을 만났을 때 비로소 안도한다. 제대로 왔구나 하고.

매봉산에서 본 함백산. 선 굵게 꿈틀거리며 첩첩이 이어지는 우리 산의 전형을 보여 준다.

마른 풀꽃에 맺힌 상고대. 백색 미학이
만들어 낸 순수한 형태미.

덕항산 · 댓재

지금은 겨울, 푹 쉬어가는 계절

계절의 꼭지점에서 반응하는 인간의 간사함은 다음과 같은 야릇한 인간 규정을 이끌어 낸다.

'스스로를 혐오하는 동물.'

왜, 어떻게 인간은 자기 혐오에 이르는가. 이를테면 이런 거다. 꽃 타령 새 타령에 넋을 잃다가도 봄 가뭄의 조짐이라도 보일라치면 여름 소나기를 기다리고, 막상 여름이 닥쳐 삼일 장마만 져도 하늘을 보며 상을 찌푸린다. 어디 그뿐인가. 청명한 가을 하늘에 찬사를 보내다가도, 오직 낙엽 밟는 소리만 들으며 한나절만 걷고 나면 차라리 눈 쌓인 길이었으면 하고 지겨워한다. 이러고도 어찌 스스로를 혐오하지 않을 수 있을까.

하지만 다행스럽게도 자연의 순환은 인간의 자기 혐오가 파멸에 이르도록 내버려 두지는 않는다. 꼭지점 다음의 빗면을 미끄러져 내리듯 경쾌하게, 다음 계절로 감성의 촉수를 인도하며 또 경이의 눈으로 세상을 보게 한다.

그리하여 지금은 겨울. 대지와 입맞춤할 날을 기다리는 보습처럼 '푹 쉬어 가는' 계절. 부지런 떨지 않아도 눈치 보이지 않는 때. 그래, 이런 계절에는 번뇌마저도 푹 쉬게 하자.

입춘이 지났다고 하나 아직 백두대간의 등성마루는 겨울 깊은 곳에 누워 있다. 그것도 아주 두터운 솜이불 같은 눈을 덮고서. 그 모습이 마치 고집 센 노인의 표정 없는 얼굴 같다. 하지만 이제 곧 봄이 오면 언제 그랬냐는 듯 굳은 표정을 풀고 아주 익숙한 솜씨로 산과 계곡을 흔들어 깨우겠지. 먼저 계곡의 겨드랑이를 간질여 물을 흘려보내면, 저 아래서 한껏 게으름을 피우며 흐르던 강물도 어깨를 들썩이며 들판을 적실 테고.

백두대간이 강원도 깊숙이로 들어설수록 산기슭에 붙어서는 것 자체가 예삿일이 아니다. 잰 걸음으로 달려도 영월, 정선, 태백을 지나면 벌써 해거름이다.

산행 들머리인 태백시 하장면 하사미동의 외나무골에 도착했을 때는 이미 어둠이 짙다. 그래도 달이 먼저 산에 올라 길을 밝혀 주니 적이 위안이 된다. 아직 반도 차오르지 못한 달이지만 보름을 며칠 앞둔 상현달이어서 일찍이 모습을 드러낸 것이다.

눈 쌓인 산 기슭으로 흘러내리는 달빛은, 거두어 담고 싶을 정도로 그윽하다. 걸음을 바꿀 때마다 얼어붙은 눈알갱이들이 반짝인다. 땅으로 내려앉은 별 여울이다.

하지만 이런 행복한 느낌도 한순간의 꿈에 지나지 않는다. 지난 번 산행 이후 더 눈이 쌓였기 때문이다. 보름 전에 열어 두었던 발길은 이미 흔적조차 없다.

어느 새 눈에 대한 내 감성의 기복은 바삐 높낮이를 바꾸며 이성과 균열을 일으킨다. 이불을 뒤집어쓰고도 눈에 아른거려 한달음에 달려온 '그리운 산'이 한순간에 '지겨운 산'으로 뒤바뀌는 것이다. 그런데 또한 곤혹스러운 것은, 이러한 느낌의 어느 쪽이 이성에 따른 반응이고 어느 쪽이 감성의 발로인지를 모르겠다는 점이다. 솔직히, 지금 이 글을 쓰는 순간까지도 모르겠다. 그러나 이런저런 생각도 한순간이다. 어느 샌가 체념과 인내는 어깨동무를 하고, 오로지 목표로 삼은 덕항산 꼭대기만을 향해 걸음을 옮겨 놓게 하니까.

구부시령(960m)에서 덕항산(1,070m)까지는 오르내림이 있긴 하지만 도상 거리로 1km도 되지 않아 평상시 같으면 한 시간도 걸리지 않는다. 그러나 눈 덮인 겨울 산은 인간의 힘으로 가능한 산술적 평균치 따위는 야멸차게 조롱한다. 사실상 이러한 상황에서는 기계적 분절로서의 시간이란 마디는 아무런 의미가 없다. 따라서 이런 경우에 취할 수 있는 인간의 현명함이란 자연의 흐름에 인간의 호흡과 맥박을 적응시키는 것이다. 이를 망각하고 자신의 능력을 과신하거나 산을 만만히 보면 커다란 낭패를 볼 수밖에 없다. 오늘날 인류의 생존을 위협하는 기상 이변과 같은 자연 재해도 인간의 자기 과신과 오만이 부른 낭패의 가장 나쁜 형태다.

산에서건 들에서건 바다에서건, 산과 들 그리고 바다가 시키는 대로 할 일이다. 그것이 바로 '자연스럽게' 다.

산행 시작 네 시간 가까이 지나니 간신히 덕항산 정상이다. 본래 정상 언저리가 넓지 않은데다 동쪽 기슭은 깎아지른 절벽이어서 아슬아슬한 형국인데, 바람이 옮겨다 놓은 눈까지 솟구쳐 오른 모습은 마치 산처럼 높은 파도가 한순간에 멈추어 굳은 듯하다.

허리를 껑충 넘는 눈을 다져 터를 만들고 그림 같은(?) 집 한 채 짓는다. 이 정도면 행복한 아침을 맞을 수 있을 것 같다.

걷는다기보다는 구르듯 덕항산을 내려서면 삼척시 신기면 대이리 골말로 내려가는 철계단을 만난다. 이곳에서 잠시 걸음을 멈추고 덕항산의 자태를 살핀다. 바지랑대 없이도 빨랫줄을 묶을 수 있을 듯 날카로운 봉우리들이 이웃해 있는 모습이다. 서쪽으로는 완만하지만 동쪽으로는 깎아지른 듯한 이 일대 산들의 전형을 본다. 매봉산과 두타산 사이에서, 있는 듯 없는 듯한 모습으로 숨어 있던 덕항산이 불쑥 얼굴을 내밀며 짓궂은 인사를 건네는 것 같다.

눈 속으로 스며들 듯 두더지 굴 파듯, 한 걸음 한 걸음 또 한 걸음. 걷는 듯 마는 듯 그렇게 나아가도, 역시 길은 가는 자의 몫이다. 환선굴로 내려서는 자암재 지나, 광동댐이 만들어지면서 이주한 사람들이 엄청난 규모의 채소밭을 일구고 사는 귀내미골을 거쳐 마침내 큰재(댓재).

또 눈발이 흩날린다. 하루종일 눈에 시달렸는데도 싫지 않다. 겨울의 황량함을 덮고도 남을 포근함이다.

한결 넉넉해진 마음으로 먼 산을 보노라니 하얀 산마루 위로 가물가물 솟은 나무들이 보송보송한 솜털 같다.

아, 겨울 산은 '살아' 있구나.

2001월 2월 3일

산짐승 발자국 하나만으로도 이 지구가 살아 숨쉬고 있음을 느끼기에 충분하다.

유난히 동쪽으로 가파른 경사를 보이는 덕항산. 워낙 인적이 드문 곳이어서 심설 산행의 고적감을 느끼기에는 최적의 산행지다.

하얀 눈 위에 단순한 한 점으로 존재하는 즐거움. 겨울 산행의 매력이다.

댓재 · 두타산 · 청옥산

하늘은 '검다'

초록 물감으로 솔잎을 그리고, 빨간 물감으로 단풍잎을 물들인 다음, 파란 하늘에 흰구름 하나 띄우고 나면 미술 시간이 훌쩍 지나가곤 했다. 그런 다음, 검정색으로 변한 붓 씻은 물을 창문 너머로 쏟아버리곤 운동장으로 달려나가, 방금 내가 그린 수채화의 풍경 속에서 뒹굴곤 했다.

그렇게 시간이 흘러 중학교에 들어가고 보니, 영어나 한문과 같은 낯선 과목도 있었다. 호기심 반 즐거움 반으로, 또 별 생각 없이 한자와 영어 철자를, 그림 그리듯 적고 노래 부르듯 외우곤 했다.

그런데 문제는 한자 공부였다. 삼척동자도 다 아는 천자문의 첫 네 글자, 천지현황(天地玄黃). 네 글자로 이루어진 천자문 250구의 첫 구절이 너무나 황당했던 것이다.

'하늘은 검고 땅은 누르다' 니. 뒤의 것은 알겠는데 앞엣 것은 도무지 모를 일이었다. 아무리 봐도 하늘은 파랗기만 한데.

두타산으로 오르는 아침. 아직 산이 깨어나기 전. 하늘빛이 수상했다. 그러나, 산허리에 올라서고부터는 하늘도 파랗게 열리기 시작했다.

이제, 조금은 알 것 같다. 하늘의 빛깔을 일러 '검다' 고 하는 까닭을. 그 '묘한 검음' 속에서 모든 존재가 비롯됨을 어렴풋이나마 알 것 같다.

두타산과의 첫 대면은 댓재(810m)를 넘는 바람에 얼굴을 맞기는 일로 시작된다. 몸집 큰 바람이지만 그리 싫지는 않다. 어느 샌가 바람의 올은 한결 투실해졌고, 완강하게 버티던 눈도 상당히 가라앉아 있다.

황장산(1,059m)에서 흘러내린 백두대간이 두타산(1,353m)을 오르기 전 잠시 숨을 고르는 고갯마루인 댓재. 삼척시 미로면과 하장면 사이에 걸터앉은 고개로, 태백 산간지방과 동해를 이어주는 424번 지방도로가 지나는 곳이기도 하다.

댓재 북쪽 언저리에 모신 두타산신(頭陀靈山之神)께 인사를 올리고 걸음을 옮긴다. 눈 위에 새겨진 앞서 간 발자국이, 하얀 천 위에 수놓인 꽃인 양 곱다.

두타산(頭陀山) 오름길은 까탈스럽게 가파르지도, 그렇다고 지루할 정도로 밋밋하지도 않다. 산 이름 그대로, 나아감에 걸림 없는 선승(禪僧)처럼 거침없이 올라 불끈 솟았다가 사방 산천 경계를 휘둘러 보고는 또다시 오르기를 서너 번 반복한다. 그 오름길의 백미는 정상 직전. 군데군데 무리지은 철쭉과 키

재기를 할 정도로 몸집이 작은 참나무 숲 사이로 길게 이어지는 길이다. 시야는 걸림 없이 하늘을 향하건만 걸음은 모든 기운을 다 모아야 할 정도로 힘겹다.

그러나 정상은, 오르는 동안의 힘듦을 순식간에 잊게 할 만큼 넉넉하고도 편안하다. 조망 또한 탁월하여 서쪽으로는 청옥산(1,404m)이 좋은 이웃처럼 정겹게 다가서고, 동쪽으로는 동해 푸른 물결이 온갖 시름을 거두어가는 듯하다. 더욱이 이곳에서부터 청옥산을 향하는 길의 동쪽 기슭으로는 그 이름도 근사한 무릉계곡이 펼쳐진다. 범부에게도 신선의 길을 허락하니 어찌 감사하지 않을 수 있을까.

청옥산을 향해 발길을 옮기기 전 다시 한번 사방을 둘러 보자니 박새 한 마리가 눈길을 잡는다. 저도 소리내며 움직이는 것들이 그리웠을까. 조금의 경계심도 없이 모진 인간에게도 곁을 주는 그 모습이, 한순간 눈시울을 뜨겁게 한다.

두타산에서 청옥산을 향하는 길은 그리 힘들지 않다. 급히 내려섰다가는 커다란 기복 없이 이어지는 능선이 군더더기 없는 자태의 청옥산을 들어 올린다. 그러나 실망스럽게도, 정상에 닦인 헬기장은 청옥이라는 고운 이름에 생채기가 되기에 충분하다.

청옥산에서 연칠성령이라는 작은 고개까지는 마냥 허리를 낮추는 길. 군데군데 보호수목임을 알리는 표식이 붙은 주목과 눈맞춤 몇 번 하고 나니 연칠성령에 닿는다. 새들도 둥지로 깃들 시간이다. 우리도 그들처럼 눈을 헤쳐 작은 둥지를 만들고 내일이라는 시간의 알을 품는다.

연칠령에서 고적대(1,354m)까지는 발끝과 손끝의 짜릿함까지 즐길 수 있다. 마치 돌탑을 쌓아올린 듯한 암릉을 오르기 때문이다. 하지만 바위의 놓임새가 손과 발만으로 오르기에 충분할 만큼 절묘하다. 기분 좋은 긴장 상태에서나 느낄 수 있는 산과의 일체감을 만끽할 수 있다.

고적대의 조망도 참으로 빼어나다. 솜씨 좋은 석수가 쌓아올린 돌탑 같은 암릉의 형상 만큼이나.

고적대를 내려서서 무릉계곡으로 하산을 시작한다. 깎아지른 듯한 비탈을 흘러내리며 길을 찾아보지만 눈으로 덮인 발길의 흔적은 희미한 옛 기억 같다.

길 더듬기를 포기하고 산줄기의 흐름을 따르니 지금은 이름도 알 길 없는 옛 절터에 닿는다. 이곳에서부터는 계곡을 따라 흐른다. 얼음장 밑을 흐르던 계곡물도 군데군데 얼굴을 내밀고 있다. 겨울이 몸을 풀고 있는 모습이다.

두타산과 청옥산이 어깨를 겯고 골골샅샅이 절경을 빚어놓은 무릉계곡. 달리 무릉도원이라 불리는 것도 지나친 말이 아니다. 과연, 고려 충렬왕 때 올바른 정치를 곧은 말로 이르다 파직 당한 이승휴가 몸을 숨기고는 스스로를 두타산 거사라 부르며 「제왕운기」를 지을 법했고, 조선의 명필 양사언이 필적을 남기지 않고는 못 배겼을 것 같기도 하다. 또한 용추폭포와 학소대, 호암소, 무릉반석과 같은 가경에 짝한 관음암과 삼화사, 금란정 등도 인간과 자연이 어떻게 조화를 이루어야 아름다움을 얻을 수 있는지를 일러 준다.

산행이 끝나면 저절로 만나게 되는 삼화사는 무릉계곡의 얼굴 같은 절이다. 신라 제27대 선덕여왕 11년(642)에 자장스님이 창건했다는 천년 고찰로,

보물 제1277호인 삼층석탑과 보물 제1292호인 철조노사나불좌상이 있다. 1979년에 쌍용시멘트 공장에 자리를 내어 주고 지금의 자리로 이건한 바람에 옛 모습을 잃은 것은 진한 아쉬움으로 남는다.

현재의 두타산과 청옥산은 그 순서가 『산경표』와 뒤바뀌어 있다. 현재 두타산으로 불리는 봉우리의 형세가 '모든 걸림으로부터 벗어나 산천을 떠도는 스님'이라는 '두타'의 이미지를 닮아서 비롯된 것으로 보이나 정확한 이유는 알 길이 없다.

2001월 2월 19일

아직 산이 깨어나기 전의 하늘 빛은 수상하다. 하지만 그 수상함 속에 하늘의 빛깔을 일러 검다[玄]고 하는 이유가 숨어 있다. 그 묘한 검음 속에서 모든 존재가 비롯된다.

두타산에서 바라본 청옥산. 담채로만 표현한 수묵화를 보는 듯한 호쾌함이 넘친다.

두타산 정상 부근. 이름 그대로 모든 것에 걸림 없는 수행자의 풍모를 느끼게 한다.

원방재 · 백봉령

내려서지 않고는 오를 수 없다

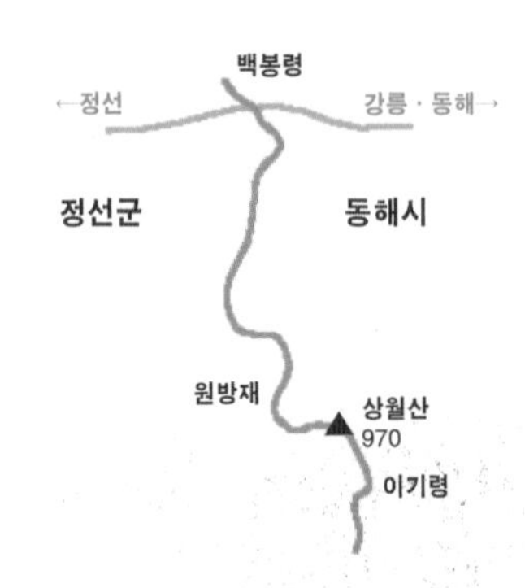

자연은 계절을 맞고 보내는 일에 사람처럼 힘겨워하지 않는다. 그 어떤 기대나 회한도 투사하지 않기 때문이다. 그렇기에 겨울 내내 눈을 덮고서도 신음하지 않고, 봄을 맞아 꽃을 피워 올리고도 스스로 자랑하지 않는다.

만약 자연도 사람처럼 하는 일마다 기대나 의도를 담는다면 자연의 순환에는 심각한 혼란이 따를 것이다. 싫다고 버리고 좋다고 눌러앉는다면, 마냥 봄꿈에 취해 여름 볼 일이 없을 것이고, 여름 · 가을 · 겨울 또한 제멋에 겨워 한 세월을 온통 제것으로 삼고 말지 모를 일이다.

하지만 자연의 순환에는 그 어떤 의도나 희망도 개입하지 않는다. 그저, 그냥 그렇게 맞고 보낼 뿐이다. 자연의 위대함은 바로 거기에 있다.

그러나 인간은, 자연의 작은 몸짓에도 그야말로 '인간적'으로 반응한다. 싫어하고 좋아하고, 기뻐하고 슬퍼한다. 자연은 그냥 그러할 뿐인데. 그렇지만 그러한 인간적 반응들에 대해 심각히 고민하거나 자학에 가까울 만큼 부끄러워하지는 말자. 그것이 곧 인간으로서의 자연스러움이기도 하니까. 그러다 언젠가는 온전히 자연을 닮거나 아니면 죽음의 형태로라도 자연으로 돌아갈 테니까.

강원도 정선군 임계면 가목리에서 원방재로 오른다. 겨우내 얼음장 밑으로 숨죽여 흐르던 냇물이 얼굴을 내밀고 길동무를 해준다. 내 귓속으로도 냇물이 흘러드는 것 같다. 마음속에선 벌써 봄이 찰랑댄다. 하지만 아직 두 다리는 하얀 겨울을 밟고 지난다.

난초의 잎을 그리는 붓끝을 따르듯 임도를 오르다 보면 원방재(690m)에 닿는다. 길은 백두대간 등성마루를 넘지 않고 이기령까지 이어진다.

바람이 세차다. 겨울과 봄 사이에서 좌충우돌하는 것 같다. 땅거미가 밀려온다. 바람도 조금씩 겨울 쪽으로 기울어진다. 이리저리 두리번거리며 바람이 비껴가는 곳을 찾는다. 계곡이 끝나는 곳이 그곳이다. 제법 세찬 물줄기가 쏟아지며 얼음 계곡을 헤쳐 샘을 이루고 있다. 눈을 녹이지 않고도 끼니 해결을 할 수 있을 것 같다. 금상첨화로 바람이 눈으로 계곡을 메워 놓아서 조금만 다져도 잠자리까지 간단히 해결된다.

또 간간이 눈발이 날린다. 올해는 봄 가뭄이나 산불 걱정은 덜할 것 같다. 밤이 깊을수록 바람이 더욱 거세진다. 존재하는 것은 오직 바람소리뿐인 것 같다. 동해에서 들려오는 파도소리라 생각해 본다. 한결 듣기가 편하다.

원방재에서부터 백봉령 사이에는 이름난 산이 없다. 하지만 실망할 일은 아니다. 어차피 백두대간을 밟는다는 것은 산보다는 산줄기, 부분보다는 전체를 중요하게 여기는 일이다. 한 걸음 한 걸음 닿는 곳 모두가 비로요 천왕이 아닐 수 없다. 낮은 봉우리 없이 어떻게 높은 봉우리를 오를 것이며, 내려서지 않고 어찌 오르기만을 바랄 것인가. 백두대간이라는 이름 아래서는 금강산의 비로봉이든 이름 없는 작은 봉우리든 똑같이 소중한 존재다. 이런 시각으로 사람을 보면 어떨까. 인간사는 한결 자연스러워질 수 있을 것이다.

원방재에서 이어지는 대간 등성이는 1,000미터 이상까지 몸을 일으켜 세웠다가, 다시 서너 번 크게 솟구쳤다 떨어지기를 반복하며 백봉령을 향한다. 강원도 강릉시 옥계면과 닿는 백봉령 전까지는 오른발은 동해시, 왼발은 정선군 땅을 밟아 나간다.

이 구간에서는 동쪽으로 시야가 열린 어디서건 동해 바다를 볼 수 있다. 겹겹이 펼쳐지는 능선들은 마치 동해 바다가 일으킨 커다란 파도가 쉼 없이 밀려오는 듯한데, 골격을 다 드러낸 겨울 산이어서 그런지 그 형국은 대단히 호쾌하다.

아직 백두대간의 등성마루엔 눈이 깊다. 하지만 신설과 달리 녹고 얼기를 반복한 부분은 제법 단단하다. 살얼음판 디디듯 걸으면 빠지지 않고 몇 걸음 옮겨 놓을 수도 있지만, 그러다 갑자기 허벅지까지 쑥 빠지게 되면 허탈과 낭패감이 왈칵 밀려온다. 역시 걸음이 순조롭지 않다. 백봉령을 눈 아래 두고 또 하룻밤 대간에 몸을 누인다.

강원도 정선과 동해를 넘나드는 42번 국도 위의 고갯마루인 백봉령은 공식 지명으로는 백복령(白伏嶺, 780m)이라 불린다. 하지만 『택리지』에는 백봉령(白鳳嶺)이라 표기되어 있고 『증보문헌비고』에는 백복령(百福嶺)과 백복령(百複嶺)이 함께 쓰이고 있는데, 일명 희복현(希福峴)이라 한다고 덧붙였다. 희복현(希福峴)은 『신증동국여지승람』에 보이는 이름이다.

그런데 지금 많은 사람들이 일제가 바꿔 놓은 이름인 백복령(白伏嶺) 대신 어감이나 뜻도 우아한 백봉령(白鳳嶺)으로 고쳐 부르고 있다. 이 글도 그것을 따랐다.

2001년 3월 5일

백봉령 · 석병산 · 삽당령

우울한 봄날

봄날의 화사함을 노래하기에는, 이즈음 우리의 봄은 우울하다. 언제부턴가 우리네 봄의 전조는 저 남도의 매화나 동백이 아니다. '모랫바람'이다. 그리고 그 바람 속에 섞인 중금속은 기분좋게 수상쩍은 봄바람의 정취에 마음껏 취할 수 없게 만든다.

갈수록 우리의 봄은 관념화된다. 텔레비전이나 신문에서 통조림처럼 가공된, 실상과는 거리가 먼 봄의 이미지에 몽환적으로 빠져드는 것으로 실제를 대신하는 것이다. 상업주의의 극치를 달리는 언론은 그 정도에서 만족하지 않는다. 경쟁적으로 봄 소식을 앞당기며 '생각의 봄과 몸의 봄'을 자꾸만 멀어지게 한다. 이에 비하면 김선달의 대동강 물 팔아먹기는 순진에 가까운 낭만이다.

그러나 고맙게도, 진정 봄은 조용히 우릴 찾아준다. 늦잠을 자고 난 나른한 휴일 아침. 햇살이 간지러워 실눈을 뜨고 창문을 열었을 때, 아, 목련꽃! 봄은 그렇게 벙글어진다. 난폭하게 풍경을 밀어내는 버스 속에서 무심결에 바라본 길가에, 왈칵 쏟아지는 눈물처럼 망울을 터트린 개나리. 봄은 그렇게 우리 곁에 온다.

그동안 백두대간 얘기를 해 오면서 가급적이면 어두운 면은 들추지 않았다. 수없이 많은 훼손의 생채기를 봐 왔지만 굳이 그것에 초점을 맞추지는 않았다. 분심이 모자라서도 아니었고, 일부러 외고개를 돌리고자 함도 아니었다. 상투적 분노와 무책임한 고발보다는, 백두대간의 진정한 의미와 아름다움을 발견하는 것이 선행돼야 한다고 믿었기 때문이다. 그 믿음은 지금도 변함이 없다.

아름다움에 전율해 보지 않고서 '악함' 과 '추함' 을 손가락질하는 것은 그 또한 추함이거나 위선이기 쉽다. 온갖 문명의 이기를 누리면서, 그것을 가능케 한 개발의 상처를 보며 분노할 수밖에 없는 모순을, 알량한 비분강개로만 극복할 수는 없지 않은가.

그러나 이번만큼은 지나칠 수 없었다. 자병산(紫屛山)이라는, 이름 그대로 보랏빛 병풍 같은 아름다운 산 하나가 송두리째 파헤쳐진 채 아슬아슬한 벼랑으로 바뀌어 선혈을 흘리고 있었던 것이다. 아무리 석회석이 필요하더라도, 인간의 삶이 자연에 빚지지 않고는 불가능하다는 한계를 인정한다고 하더라도 이건 너무 지나쳤다. 굳이 '풀 한 포기 돌멩이 하나에도 불성(佛性)이 깃들어 있다' 는 부처님 말씀까지는 아니더라도, 산을 함부로 파헤치면 '동티' 가 난다는 옛 사람들의 말은 반드시 기억해야 할 것이다.

자연에 대한 외경을 잃은 인간은 자연의 일부일 수가 없다. 자연으로부터 버림받은 인간일 뿐이다. 도를 벗어난, 자연에 대한 인간의 파괴 행위는 인간 스스로에 대한 테러 행위와 다름없다. 처참한 자연 환경은 그렇게 생겨먹은 인간의 내면을 반영한다. "마음이 맑으면 세상도 맑다(心淸淨 國土淸淨)"는 『유마경』의 말씀이 새삼스럽다.

1990년대 중반부터 한라시멘트에서 야금야금 석회석을 파먹기 시작하더니, 이제는 아예 이 땅의 등뼈를 동강낸 현장을 처참한 심경으로 바라보며, 백두대간의 등마루에 선다.

자병산 왼쪽에서 생계령으로 이어지는 능선 기슭은 카르스트 지역으로 널리 알려진 곳이다. 기슭 곳곳에 '돌리네'라 불리는 움푹 꺼진 곳을 보게 되는데, 석회암이 녹아서 이루어지는 침식현상의 결과다. 석회암 지역에서 용해 침식이 시작된 후, 중국의 석림(石林)처럼 송곳 모양의 지형을 거쳐, 결국에는 완만하게 낮아지는 지형 변화를 '카르스트 윤회'라고 하는데, 돌리네가 형성되는 시기는 유년기에 해당된다고 한다.

생계령 조금 못미친 곳에서부터 어둠살이 시작된다. 저녁노을의 장엄은 황사에 다 빼앗기고 말았다. 그래도 어둠이 짙어올수록 조금씩 돋아나는 별들이 내일을 기다림의 시간으로 만들어 준다.

이른 아침을 먹고 배낭을 꾸린다. 역시 조망은 그다지 좋지 않다. 이러다가는 '푸른 하늘 맑은 강물'이라는 말은 옛날 얘기 속에서나 들어야 할지도 모르겠다. 아직 북쪽 기슭에는 눈이 남아 있지만 바람의 기세는 한결 누그러져 있다. 참나무 우듬지 곁의 겨우살이들은 지난 겨울에 비해 오히려 푸르름이 시들하다. 대부분이 참나무인 숲 사이로 드문드문 솟은 금강송의 잎에도 생기가 돌기 시작한다. 울진 소광리의 금강송만은 못해도 자태가 자못 빼어나다.

생계령에서 석병산까지의 산세는 순하다. 생계령 지나 북쪽으로 허리를 틀기 직전과, 석병산 못미처 헬기장으로 올라서는 곳 말고는 높낮이도 고만고만하다. 석병산(石屛山, 1,055m) 또한 이름 그대로 '돌 병풍' 같은 형국이다. 정상에는 칼로 잘라 놓은 듯한 돌이 층층이 쌓여 있고, 북동쪽은 깎아지른 듯한 벼랑을 이루고 있다. 필시 석병산이라는 이름은 동남쪽으로 마주보고 선 자병산과 짝을 이룬 이름일 텐데, 지금은 반쪽 병풍 신세로 홀로 남아 있다. 대구(對句)로 이루어진 시(詩)가 한 구절을 잃었을 때 그것이 온전한 시일 수 없듯이, 자병산의 상처는 석병산마저도 망가뜨리고 말았다. 인간의 탐욕이 자연의 절창(絶唱)에 가한 분서갱유(焚書坑儒)가 아닐 수 없다.

북쪽으로 오르던 백두대간이 석병산 정상 직전에서 서쪽으로 발길을 옮겨 놓는 곳에서 하룻밤을 보내고 두리봉을 향한다. 겨우내 눈 속에 묻혔던 조릿대가 서서히 몸을 일으켜 세우고 있다. 두리봉에서 삽당령으로 내려서는 길은 복잡한 손금처럼 이리저리 구불거린다. 하지만 설핏 얼굴을 비치며 손짓하는 대관령은 어느 새 두 발을 삽당령 위에 세워 놓는다. 고갯마루에 내려앉는 햇살이 따사롭다. 봄이다.

2001년 3월 19일

봄날의 화사함을 노래하기에는 우리네 봄은 우울하다. 언제부턴가 우리네 봄의 전조는 매화나 동백이 아니다. 누런 모랫바람이다. 그리고 그 바람 속에 섞인 중금속은 기분좋게 수상한 봄바람의 정취에 마음껏 취할 수 없게 만든다.

냇가에 버들강아지가 피어날 때도 북부지방의 높은 산은 한겨울이다. 이렇듯 자연의 실상은 달력으로 뭉뚱거리기에는 스펙트럼이 다양하다.

1990년대 중반부터 한 시멘트 회사에서 파먹어 들어가기 시작하여 지금은 처참한 몰골만을 남긴 자병산. 이 땅의 허리가 동강난 대표적인 현장이다.

삽당령 · 화란봉 · 닭목재

'바람난 여인'을 보며

하루가 다르게 산색이 변하고 있다. 진달래 꽃불은 다투어 산꼭대기로 번지고 있고, 이에 화답하듯 산벚꽃도 흐드러지기 시작했다. 점점이 노란 꽃망울을 매달고 있는 생강나무는 봄나들이 나온 병아리처럼 고운데, 그 아래로는 껑충한 목에 하얀 꽃을 피워 올린 노루귀가 봄볕에 졸고 있다.

봄 산은 저마다 빛나는 생명들로 약동한다. 그런데 이 활달한 생명의 나래짓과는 반대로 조용히 스러지는 것들이 있다. 이른바 설해목(雪害木)이다. 그 중에서도 부러진 소나무 가지가 유독 눈에 띈다. 아직 푸르름을 잃지 않은 때문이리라. 눈길을 들어 올려, 한때 그 가지를 자신의 일부로 삼았을 나무를 찾아본다. 아름은 족히 돼 보일 정도로 우람하다.

그 순간, 강렬하게 떠오르는 한 생각이 머리를 흔들어 놓는다. 설해목(雪害木)이라니, 안 될 말이다. 결코 눈(雪)은 나무를 해치지 않았고, 나무 또한 눈에 상처 입지 않았다. 그것은 키를 올리기 위해 저절로 도태되어야 할 가지를 내려놓는 지극히 자연스런 자연의 순환 과정이다. 이를 어찌 '설해(雪害)' 라 할 수 있을까.

다시 삽당령(670m)이다. 강원도 강릉시 왕산면과 정선군 임계면을 잇는 35번 국도상의 고갯마루다. 이곳에서부터 석두봉과 화란봉을 지나 닭목재에서 끝나게 될 이번 산행은 콧노래를 불러도 좋을 만큼 편안하다. 심하게 휘어돌기는 해도 오르내림은 가파르지 않다. 강릉시 왕산면의 살뜰한 관리로 등산로도 선명할 뿐 아니라 연곡 국유림관리사무소에서 산불 방제를 위해 만들어 놓은 방화선이 대간의 마루를 지나기 때문이다.

겨우내 얼었던 땅이 봄바람에 들썩거리고 있다. 발바닥으로 전해 오는 감촉도 폭신하다. 이번 산행은 초입부터 조릿대 숲을 뚫고 나가는데 거의 구간 전체에 걸쳐 군락을 이루고 있다.

삽당령에서 두어 시간 걸으면 들미재 어름이다. 새들의 노랫소리가 잦아들기 시작한다. 우리도 그들처럼 둥지를 틀어야 할 것 같다.

한껏 게으른 아침을 보내고 석두봉(982m)을 향한다. 천천히 걸어도 들미재에서 한 시간이 채 걸리지 않는다. 이름 그대로 석두봉은 머리에 바위를 올려놓고 있다.

석두봉에서 내려서면 이내 헬기장이 나타난다. 그곳을 지나 북쪽으로 허리를 트는 봉우리까지는 능선 일대가 구릉에 가까운 형국인데 온통 조릿대 밭이다. 훤칠한 참나무와 우람한 소나무 아래로 펼쳐지는 초록의 물결이 초원 같은 느낌을 자아낸다.

북쪽 기슭이나 산그림자가 짙은 곳에는 아직도 드문드문 잔설(殘雪)이 눈에 띈다. 그래도 나무 밑둥 가까이만큼은 둥글게 원을 그리듯 맨땅이 드러나 있다. 눈으로 느끼는 생명의 온기다.

석두봉을 지나 큰 봉우리 두 개를 넘은 대간은 완전히 서쪽으로 허리를 튼다. 첩첩이 이어지는 산주름 너머로 화란봉(1,069m)이 우뚝하다. 난초 꽃처럼 예쁜 봉우리라 하기엔 힘들어도, 기묘한 모양으로 놓인 정상부의 바위는 한참 동안 눈길을 붙들어 둔다.

화란봉을 오르기 전 홀로 꽃을 피워 올린 얼레지가 눈인사를 건낸다. 수줍은 듯 고개를 숙이고 있으나 진한 자주색 꽃잎은 하늘로 솟구쳐 있다. 한복 맵시 좋은 여인이, 살풋이 들어 올린 치맛자락을 하늘거리며 걸어가는 듯한 모습인데, 꽃말이 글쎄 '바람난 여인' 이란다. 그럴 듯한 것 같기도 하고 아닌 것도 같다.

화란봉을 지나 일찌감치 하룻밤 몸을 누일 자리를 찾았다. 어둠보다 먼저 구름이 몰려온다. 보름인데도 꽉 찬 달구경은커녕 바깥을 어슬렁거리는 것도 쉽지 않을 것 같다.

화란봉에서 닭목재로 내려서는 길은 동네 뒷산 분위기다. 이 길이 끝나는 곳에 반가이 맞아줄 누군가가 있을 것 같은 기분이 든다.

강릉에서 대기리로 넘나드는 고갯마루인 닭목재(680m) 직전에는, 그냥 휑하니 지나치기 힘든 멋진 소나무 숲을 만날 수 있다. 아름드리는 아니지만 공들여 가꾼 것이 분명해 보이는 늘씬한 소나무들이 하늘을 들어 올리고 있다. 강원도 금강송의 바탕 모습을 볼 수 있는 숲이다.

닭목재에서 배낭을 내려놓는다. 이보다 더 편안할 수는 없을 것 같다. 일상의 근심 걱정도 이렇게 내려놓을 수 있다면 얼마나 좋을까.

눈이 많이 오는 때에는 강릉에서 겨울을 난다는 대기리 사람들이 모여 길 양켠의 나뭇잎을 치우고 있다. 함부로 버린 담배 꽁초가 산불로 번지지 못하게 하기 위해서라고 한다. 그들의 노력에 대한 고마움 못지 않은 씁쓸함이 마음 한 귀퉁이를 어둡게 한다. 왜 우리는 아직도 담배 꽁초 하나 제대로 버리지 못하고 살까.

서울로 돌아오는 길은 일부러 좋은 길을 버리고 송천(松川)을 따라 흐르며 구절리로 향한다. 거의 오염되지 않은 원시에 가까운 비경이 구비구비 펼쳐진다. 백두대간이 우리에게 덤으로 준 선물이다. 고맙고 고마운 일이다.

2001년 4월 9일

눈을 뚫고 나온다 하여 파설초로도 불리는 노루귀. 잎이 돋아날 때 약간 말리고 털이 있어 노루귀를 닮았다.

닭목재 · 대관령

느리게 흐르는 시간을 만나다

신 포도를 떠올리면 입속에 침이 고이듯, 신록이라는 말을 들으면 귓속까지 파란 물이 드는 것 같다. 말은 그냥 말일 뿐 실제의 초록이 깃들어 있을 리 없지만, '신록' 이라는 말의 정서적 환기력은 실제에 맞닿는 힘을 지니고 있다. 이런 종류의 말은 단순한 부호가 아니다. 어긋남 없이 사물과 조응한다. 지극한 아름다움은 참됨과 통하는 것과도 같은 이치일 것이다.

흔히 4월과 5월의 푸르름을 신록이라 한다. '싱그러운' 따위의 수식은 오히려 군더더기다. 작렬하는 태양 아래서 압도적 기운을 발산하는 여름의 짙푸름과 달리, 뒹굴며 따라 물들고 싶은 푸르름이다. 꽃 같은 푸르름이다.

지구가 초록별이라는 실감도 더해 간다(우주에서 바라본 지구가 발산하는 초록빛의 정체가 '물' 이라는 사실은 접어두자). 이런 때는 굳이 산을 오르지 않아도, 먼 눈길로 산빛을 더듬기만 해도 산과 나는 하나가 된다.

"내 나이 스무살 하도 예뻐서 구르는 돌에도 입맞춤 했네" 라고 노래한 곽재구 시인마냥 산빛과 '눈맞춤' 하기 딱 좋은 때다.

강릉시 성산면에서 왕산면 대기리행 버스에 몸을 실었다. 학교에서 집으로 돌아오는 학생들과, 장보러 갔다 돌아오는 대기리 사람들과 함께다. 서 있는 친구를 끌어당겨 조그마한 궁둥이를 한켠으로 밀치고 자리를 나누는 초등학생 아이, 손주 몫으로 보이는 과자랑 달걀 꾸러미를 보듬어안은 할머니, 아침에 봤을 얼굴인데 무슨 할 말이 그리 많은지 끊임없이 얘기를 나누는 아주머니들. 결코 도시의 버스 안에서는 볼 수 없는 정경들이다. 오랜만에 느리게 흐르는 시간을 만났다. 닭목재(680m)에서 몸을 부린다. 이곳에서부터는 또 다른 속도의 시간이 흐를 것이다. 사람의 보폭과 산의 높낮이가 깃발과 바람의 관계로 공명할 수 있기를 꿈꾸어 본다.

뉘엿뉘엿 기우는 햇살을 이마 가득 안고 대간을 오른다. 산행 들머리는 산신각 오른쪽으로 돌아오르는 임도다. 이내 제법 근사한 소나무 숲이 나타난다. 소나무로 흘러내리는 햇살이 비늘처럼 반짝인다.

이어서 드문드문 두릅을 심어 놓은 고랭지 채소밭이 나타난다. 길 한켠으로는 비료 포대나 농약병, 폐 비닐이 나뒹굴고 있다. 남루한 오늘의 농촌 현실을 보는 것 같다. 차라리 욕지거리라도 내뱉을 수 있다면 속이라도 후련하련만 그것도 쉽지 않다. 뭐라 궁시렁거려봤자 내 낯에 침 뱉기일 뿐인, 빤한 우리네 살림살이의 어두운 그림자다.

30분쯤 오르니 한우목장이 나타난다. 대간의 마루까지 점령한 목장 울타리를 끼고 서북쪽으로 솟구치며 휘돌아오르니 동쪽으로 서득봉이 서서히 어둠 속으로 가라앉고 있다. 멋들어진 가지를 늘어뜨린 아름드리 소나무 아래에 몸을 누인다. 대문도 울타리도 없는 집이니 필시 세상에서 가장 큰 집일 것이다.

안개와 황사에 가려진 아침이 열린다. 가까운 산도 먼 산인 양 희미한 하늘금을 보여 준다. 실눈을 뜨고 모자이크 벽화를 보는 기분이다. 색다른 느낌이다. 이렇듯 모든 사물은 바라보는 태도에 따라 새롭게 인식된다. 황사를 타박만 할 게 아니라 그 가운데서도 사물의 진체(眞體)를 보는 눈을 뜰 일이다.

차츰 키를 높이는 능선을 따라 오르니 늘씬한 참나무 숲 아래로, 무리지어 피어난 얼레지가 날렵하게 치켜올린 꽃잎을 하늘거리고 있다. 한동안 그 꽃잎에 넋을 다 주고 만다. 다시 걸음을 재촉하니 고루포기산(1,238m)이 눈앞이다. 정상으로 송전탑이 지나는 게 볼썽사납긴 하지만 조망은 아주 빼어나다. 느긋한 눈으로 바라보면 능경봉에서부터 대관령과 황병산이 파노라마로 펼쳐진다. 내 기억의 곳간에 담긴 그 모습은 지금도 눈앞인 듯 생생하다. 특히 황소의 잔등처럼 순하디순하게 흐르는 황병산 언저리의 군더더기 없는 능선은, 산에 드는 즐거움을 구름 위로 둥실 띄워 올린다.

고루포기산을 내려서는 길은 저절로 잰 걸음을 만드는 내리막길이다. 그렇다고 뛰듯이 걸을 수는 없다. 수줍은 듯 피어오르는 들꽃을 놓칠 수 있기 때문이다. 봄 산행만큼 해찰을 부리기 좋은 때도 없다. 쉬어가다 졸리면 깜빡 봄꿈에 잠기기도 하며 한껏 게으름을 피워도 좋은 때가 지금이다.

고루포기산이 한참 허리를 낮춘 곳에서 복수초를 만난다. 쪼그리고 앉아

요모조모를 뜯어본다.

고루포기산에서 능경봉까지는 오르내림이 잦지만 요즘처럼 들꽃이 고운 때는 그리 지루하지 않다. 왼쪽(서북 방향)으로 시야가 열리는 곳으로 횡계와 용평 스키장, 고원을 가로지르는 듯한 영동고속도로가 보인다.

둥두렷한 형국의 능경봉(1,123m)은 보기와는 달리 상당한 위엄과 기품을 지니고 있다. 한참 동안 키를 높이므로 다가서기에도 만만치 않다.

능경봉에서는 강릉 시내가 한눈에 들어온다. 국립지리원의 지도에도 한자 표기는 보이지 않지만, 강릉을 바라보기에 좋은 곳이라 하여 능경(陵景)이라는 이름을 얻지 않았을까 싶다. 맑은 날씨라면 경포호와 동해도 눈 안에 넣을 수 있는 봉우리다. 능경봉에서 한 시간 남짓이면 아흔아홉 구비를 휘돌아오르는 대관령이다. 천천히 내리막길을 걸으며, 고향 그리움이 절절히 배어나는 사임당 신씨의 노래를 읊조려 본다.

산 첩첩 내 고향 천리이언만
자나깨나 꿈 속에도 돌아가고파
한송정 가에는 한 줄기 바람
갈매기는 모래톱에 헤지락모지락
언제나 내 고향 돌아갈거나.

2001년 4월 16일

이른 봄 얼음 사이로 피어 오른다 하여 얼음새꽃이라고도 불리는 복수초. 강릉을 내려다보고 선 능경봉에서 만났다.

대관령 · 노인봉 · 진고개

산신으로 다시 온 스님

뻐꾸기 울음의 여운처럼 해 긴 윤사월이다. 팍팍한 봄 가뭄을 지나오면서도 피어날 것은 다 피어났다. 꽃 같던 신록도 녹음으로 바뀌어 간다. 어느덧 여름의 문턱이다.

초여름 한낮의 산은 물 속 같다. 봄을 들어 올리던 새싹들의 두런거림도 잦아들었고, 색색으로 피어난 들꽃들도 이제는 담담한 표정이다.

이맘때의 뻐꾸기 울음소리는 풍경소리 같다. 적막을 깨뜨림으로써 오히려 적막에 밀도를 더하는, 떨어지는 오동잎에서 임의 자취를 본 만해의 '침묵'과 같은 '소리'다. 그 소리를 따라 산에 든다. 표정을 조금 달리하긴 했어도 조금도 낯설지 않은 여전한 산이다.

어느 때 어떤 모습으로든 산은 그것이 자신의 전부이자 본 모습이다. '있는 그대로'를 보여 주기 때문이다. 아니, 보여 주고 말 것도 없이 그냥 그대로

'있을 뿐' 이다. 그러나 나에게는, 있는 그대로의 모습을 보기가 너무 어렵다. 그래서 아직은, 가쁜 숨을 몰아쉬며 지친 다리를 옮겨 놓는 일에 더 집착하는지도 모르겠다.

걸어오르지 않아도 한참을 쉬었다 가야겠다는 생각이 들게 하는 고갯마루, 대관령(832m)에 선다. 헤아려 보지 않고도 '아흔아홉 구비' 라는 말에 고개를 끄득이고 마는 험준한 고개다. 영서와 영동이라는 지역 이름도 이 고개를 기준으로 만들어졌고, '관동' 이라는 말도 이 고개의 동쪽이라는 말이겠다.

실로 대관령은 기후, 풍속, 언어 등 사람살이의 모양새를 결정짓는 데 많은 영향을 끼쳐왔다. 『신증동국여지승람』에서는 대관령을 이렇게 적고 있다.

"(강릉)부 서쪽 45리에 있으며, 이 고을〔州〕의 진산이다. 여진 지역인 장백산(백두산)에서 구불구불 비틀비틀 남쪽으로 뻗어내리면서 동햇가를 차지한 것이 몇 곳인지 모르나, 이 고개가 가장 높다. 산허리 옆으로 뻗은 길이 아흔아홉 구비인데, 서쪽으로 서울과 통하는 큰 길이 있다. 부치(府治)에서 50리 거리이며 '대령' 이라 부르기도 했다."

대관령의 지리적 특징뿐 아니라, 우리 땅의 형국을 백두산에서 비롯된 산줄기로 인식했음을 보여 주는 기록이다. 다만 '가장 높다' 는 기록상의 오류는 당시 측량 기술의 한계 탓이겠지만, 영동 지방에서 서울로 가는 주 통로였던 만큼 심리적으로 가장 높은 고개로 의심없이 받아들여졌을 것이다.

대관령에서 대간의 등마루로 오르는 초입은 호젓한 산책로 같은 분위기다. 그러나 능선에 올라서면 금세 황량한 분위기로 바뀐다. 키 큰 나무가 없는데다 등마루마저 허연 속살을 드러내고 있다. 하지만 지금은 철쭉꽃 만발한 때, 연분홍 꽃무리를 이룬 철쭉을 스치며 지나노라면 여기가 바로 천상의 화원이 아닌가 싶다. 산림청에서 인공조림한 분비나무와 전나무 식재지도 볼 수 있다. 지극한 정성이 보이는 만큼 멀지 않아 울창한 숲을 이룰 것이라는 기대를 갖게 한다.

들머리를 지나 반 시간 남짓, 이제 완전히 대간의 품에 안겼다는 느낌이 들 즈음, '대관령 국사 성황사' 를 지난다. 이례적으로 스님을 성황신으로 모신 곳이다. 산신당에는 김유신을 모셨고 성황사에는 범일국사(810~889)를 모셨다.

구산선문의 하나인 굴산사에 40여 년간 머물며 사굴산파를 개산한 범일 국사가 성황신으로 받들어지는 게 조금은 의아하지만, 이곳에서 구전되는 전설을 보면 쉽게 수긍이 간다. 우선 스님의 탄생 설화부터가 범상치 않다. 어머니가 샘물에 뜬 해를 마시고 잉태했다는 것이다. 늘 동해에서 떠오르는 해를 보며 살아가는 사람들로서는 당연히 신으로 받들어 모시게 할 탄생의 드라마다. 난리가 났을 때 범일국사가 대관령에서 술법을 써 적을 물리쳤다는 전설도 전해 온다. 이쯤 되고 보면 누구라도 수호신으로 받들지 않을 수 없을 것이다. 해마다 단오날이 되면 국사성황제를 지낸다.

새봉 못미처서 하룻밤을 보내고 아침을 맞는다. 산 안개가 자욱하다. 동해에서 솟아오른 해는 구름바다에 빠져 버렸다.

새봉에서 선자령, 곤신봉을 지나 매봉으로 이어지는 백두대간의 등마루 서쪽은 드넓은 풀밭이다. 비록 소의 먹이로 쓸 풀을 기르는 곳이지만, 거침없이 이어지는 광활함은 몸과 마음의 무거운 짐을 내려놓게 한다. 흔히 볼 수 없는 이국적 정취와, 동쪽 기슭의 원시에 가까운 숲이 이루는 묘한 대비도 독특한 풍광으로 다가온다. 공기 또한 극명한 대조를 보이는데, 왼쪽의 풀밭에서는 열기가 스멀스멀 오르고 오른쪽의 숲에서는 청량한 바람이 싱그럽다. 한 몸으로 동시에 두 계절을 맞는 듯한 즐거움도 각별하다.

가끔씩 구름이 발 아래 걸린다. 지나온 길도 가야 할 길도 다 지워진다. 하늘과 땅의 경계도 구름 속에 묻히고 만다.

매봉(1,173m)을 내려선 대간은 풀밭을 벗어나 이슥한 숲으로 발길을 옮긴다. 숲은 물방울이 만져질 것 같은 짙은 안개에 싸여 있다. 비가 오려나? 숲은 몹시 예민해져 있다. 조심스레 걸음을 옮기는데도 안개에 젖은 나무들이 후두둑 물기를 털어낸다. 그 몸짓을 따라 은방울 꽃향기가 숲 가득 번진다. 다소곳이 고개를 숙인, 방울 같은 작은 꽃에서 나는 향기로는 믿기지 않을 정도로 화려하면서도 그윽하다.(산행 후 책을 찾아보니 '향수화' 라는 별명이 붙어 있다.)

제법 가파른 오르막을 이루는 숲길을 벗어나니 다시 하늘이 열린다. 소황병산(1,328m)이다. 이곳 역시 삼양축산의 목초지다. 남서 방향에 이웃한 황병산은 군사 시설물로 가득하다.

소황병산에서 노인봉 산장까지는 편안한 내리막길이다. 산장 조금 못미처서 전망대 바위를 만난다. 누워서 낙조를 감상하기에 딱 좋다.

노인봉 산장에서 하룻밤 신세를 지고 노인봉을 오른다. 사방에 거칠 것이 없는데, 눈 아래로는 운해가 엎치락뒤치락 파도를 이루고 있다. 운해 너머로 오대산과 점봉산, 멀리 설악산까지 눈인사를 나눈다. 간간이 빗방울이 날린다. 촉촉히 젖은 진고개를 밟을 것 같다.

2001년 5월 22일

초여름 한낮의 산은 물 속 같다. 봄을 들어 올리던 새싹들의 두런거림도 잦아들었고, 꽃들의 표정도 이즈음에서는 담담하다. 이맘때는 뻐꾸기 울음소리도 풍경소리 같다.

노인봉에서 설악산 쪽으로 바라본 모습.

오대산

무위진인(無位眞人)의 거처

'삼라만상이 다 부처의 몸' 이라고 하지만, 범인의 입에 함부로 올릴 말은 아니다. 그러나 우리는 눈 밝은 이들의 절창에 텀벙 빠지는 것으로 '법신(法身)' 의 광휘를 느낄 수 있다.

산 푸르고 물 흐르고
새 울고 꽃 피네.
이 모두는 줄 없는 거문고 소리
늙은 중은 하염없이 바라보네.

고려 때의 선사, 백운 경한(白雲景閑, 1298~1374) 스님의 노래다.(『白雲和尙語錄』에 전함) '소리' 를 '본다?' 그 뜻을 머리 굴려 알 일이 아닐 성싶다.

백운스님보다 앞선 한 스님의 노래를 통해, 우리 또한 그것을 '보자'.

신기하고 신기하다.
불가사의한 무정물의 설법.
귀로 들으려 하면 도무지 알 수 없고
눈으로 들어야 참으로 안다.

동산 양개(洞山良价, 당나라, 807~869) 스님이 운암 담성(雲巖曇晟, 782~842) 스님으로부터, 산천초목도 설법을 한다는 말씀을 듣고 문득 깨친 다음, 그 심회를 노래한 시다.(『傳燈錄』15 洞山良价章에 전함.)

사실 이런 종류의 시에 대한 설명은 하지 않음만 못하다. 궁극에 도달한 말이 대부분 그렇듯이, 이해되는 게 아니라 그냥 다가오기 때문이다. 그래서 우리도 지금 오대산으로 간다. 눈으로 무정설법을 들으러.

거기, 월정사나 상원사가 없다 하더라도 오대산은 불교의 성산이다. 비로봉 아래 적멸보궁과 중대(사자암)를 중심으로 동대(관음암)·서대(수정암)·남대(지장암)·북대(미륵암)가 있을 뿐만 아니라, 어디 한군데도 모난 데가 없는 비로봉(1,563m)·호령봉(1,560m)·상왕봉(1,493m)·두로봉(1,422m)·

동대산(1,434m)은 전체의 앉음새가 한 송이 연꽃과 같고, 각각의 모습은 삼매에 든 고승의 풍모를 지니고 있으니, 그 형상만으로도 오대산은 선불장(選佛場)이다.

오대산은 높되 찌를 듯 솟아오른 산이 아니다. 비슷한 높이의 봉우리들이 어깨를 맞대고 있기 때문에 수직적 상승감도 느껴지지 않는다. 그러나 그것이 오히려 높낮이라는 상대적 우열을 우스운 일로 만들어 버림으로써 '무위진인(無位眞人)'의 거처가 된다.

오대산이 부처의 땅으로 인식된 때는 신라시대로 거슬러 올라간다. 『삼국유사』 탑상편을 보면, 이 산을 문수보살이 머무는 곳이라 한 것은 자장법사로부터 시작되었다고 적고 있다. 그 내력을 줄여서 정리하면 다음과 같다.

자장법사는 신라 선덕여왕 때인 당나라 태종 정관 10년 병신(636)에 문수보살의 진신을 보려고 중국의 오대산으로 갔다. 처음에 문수보살의 석상 앞에서 이레 동안 기도를 하니 꿈에 부처님이 나타나서 네 구절의 게송을 주는 것이었다. 그러나 범어로 된 것이어서 그 뜻을 전혀 알 길이 없어 수심에 잠겨 있는데, 한 승려가 나타나서 번역을 해 주었다. 그런 다음 가사 한 벌과 부처님의 바루와 머리뼈 한 조각을 주면서 "그대 나라의 동북방 명주(지금의 강릉) 경계에 오대산이 있는데 1만의 문수보살이 언제나 그곳에 머물고 있으니 가서 뵈십시오" 하고는 홀연히 사라졌다. 다시 자장스님은 용의 청을 받아들여 이레 동안 공양을 하자 용이 나타나 "어제 게송을 전하던 노승이 바로 진짜 문수보살입니다" 하고 말했다.

이것 말고도 『삼국유사』에는 오대산과 문수보살에 관한 기록이 여럿이다. 그만큼 불연이 깊다는 말이겠다. 특히 일연스님은 지관(地官)의 말을 빌려 "나라 안의 명산 중에서도 이곳이 가장 좋은 땅이므로 이곳은 불법(佛法)이 길이 번창할 곳이다"고 적고 있다. 또한 『삼국유사』는 오대산을 언급하면서, "이 산은 곧 백두산의 큰 줄기"라는 말을 몇 차례나 반복하고 있다. 고려시대부터 이미 이 땅의 으뜸 줄기인 백두대간의 실체를 정확히 인식하고 있었음을 보여 주는 좋은 예라 하겠다.

백두대간 위의 오대산은 노인봉(1,338m)과 동대산(1,434m) 사이, 강원도 강릉시 연곡면과 평창군 도암면을 넘나드는 고갯마루인 진고개(960m)에서 시작된다.

진고개에서 동대산 정상까지는 한번의 내리막도 없이 계속 키를 높인다. 그렇지만 코방아를 찧을 정도로 가파르지는 않다.

동대산에서 두로봉으로 이어지는 숲길은 원시적 생명력으로 충만하다. 훤칠한 참나무 숲 아래로 다양한 식물들은 초록 비단을 펼쳐 놓은 듯하고, 능선이든 골짜기든 푸른 기운이 폭포처럼 쏟아져 내린다. '그린 샤워' 라는 말이 절로 떠오르는, 참으로 무성한 숲길이다. 오대산 자체가 흙산인데다 탐방객들의 발걸음이 월정사나 상원사, 중대, 적멸보궁 쪽으로 집중되는 때문에 비교적 훼손이 적은 결과가 아닌가 싶다.

두로봉서부터 백두대간은 오대산을 벗어난다. 하지만 오대산은 두로봉이라는 연결고리만으로도 온전히 백두대간의 산일 뿐 아니라 대간의 품새를 한결 넓혀 놓는다. 두로봉에서 서남쪽으로 상왕봉, 비로봉, 호령봉으로 이어지는 오대산 줄기는 계방산과 태기산을 일으켜세우고 양평의 용문산까지 이어지면서 남한강과 북한강의 물줄기를 나눈다.

두로봉에서 곧장 북진하는 백두대간은 만월봉(1,281m) 앞에서 봉우리(1,210m) 하나를 치켜올리고는 서북쪽으로 허리를 틀어 응복산(1,360m)과 약수산(1,306m)으로 이어진다.

응복산에서 남동쪽을 바라보는 눈맛도 근사하다. 오대산은 물론 동대산과 황병산까지도 눈높이로 걸린다. 또한 이 일대에서는 산나물꾼이나 심마니들의 흔적도 쉽게 발견할 수 있다. 산삼이 많이 나는 곳으로 이름이 높은 곳이라 한다.

약수산에서 구룡령(1,013m)까지는 30분 남짓 가파른 내리막길을 구르듯 걸어야 한다. 최근 구룡령에는 도로 위로 생태이동통로가 생겼다. 하지만 흙으로 살짝 덮어 나무 몇 그루 심어 놓은 콘크리트 덩어리 위로 어떤 동물이 지나갈지 자못 의심스럽다. 말이 좋아 산림문화회관이지 휴게소와 다름없는 시설물이 생태계의 근본적인 걸림돌임을 왜 모를까? 2보 후퇴의 책임을 면하기 위한 1보 전진. 이런 것을 가지고도 진전된 생태의식이라고 말할 수 있을까?

2001년 6월 4일

원시적 생명력으로 충만한 오대산. 능선이든 계곡이든 푸른 기운이 폭포처럼 쏟아져 내린다.

복주머니꽃. 이와는 극히 대조적으로 개불알꽃이라고도 불린다. 높고 깊은 산에서 자라는 희귀 식물이다.

구룡령 · 단목령

우주의 리듬에 몸을 싣는다

단목령
856
인제군
←인제
조침령
양양→
양양군
양양→
갈전곡봉
1204
구룡령
←홍천 · 인제

비오는 날 산길을 걸으면, 산다는 것은 곧 '관계 맺기' 임을 깨닫게 된다.

종아리를 스치는 물기 머금은 풀잎사귀, 후두둑 물방울을 털어내며 얼굴을 쓰다듬는 나뭇잎. 평소 무심히 스쳐 보낸 것들이 말을 걸어오는 것이다. 먹이 피라미드라는 관계로 볼 때, 그들과 '관계' 맺고 있는 인간이란 존재는 피라미드의 맨 꼭대기에 앉은 오만하고도 몰염치한 '포식자' 일 뿐이다.

아무리 곱게 살려고 발버둥쳐도 사람이 산다는 일은 본시 염치없는 짓이다. 한순간이라도 자연에 빚지지 않는 삶은 불가능하기 때문이다. 비록 육체적으로는 '직립' 하고 있지만 자연이라는 요람을 벗어나서는 아무것도 할 수 없는, 자연에 의해 거두어지고 길러지지 않으면 아무것도 아닌, 지극히 나약하고 보잘것없는 존재가 인간인 것이다.

하늘과 땅의 거대한 '관계 맺기' 로서의 '비(雨)' . 그 비를 맞으며 산길을 걷는 일은, 하늘과 땅의 관계가 만들어 내는 우주적 리듬에 나를 실어올리는 일이다. 그러면 풀 한 포기 돌멩이 하나에도 머리를 숙이지 않으면 안 되는 까닭을 절로 알게 된다.

인간과 인간의 관계도 그렇다. 나 아닌 다른 모든 남들과의 관계가 곧 내 삶의 실체다. 비오는 날 산길을 걸을 때, 풀잎사귀들이 나를 일깨우는 바다.

구룡령(1,013m) 마루 위, 산허리를 도려낸 자리에 다리처럼 놓인 생태이동통로를 빌려 산으로 든다. 초입부터 울창한 숲이다. 만약 사람도 피부 호흡을 할 수 있다면 몸속 가득 푸른 기운이 스며들 것 같다.

정령(精靈). 산천과 초목에 깃든 혼을 일컬음이다. 옛 사람들은 그것을 굳게 믿었다. 그러나 지금, 유전자까지 조작해 내는 세상에 그것을 곧이 믿을 사람이 몇이나 될까. 하지만 누구라도 백두대간을 걸어보면, 특히 오대산이나 점봉산의 품에 안겨보면, 자연의 정령을 실감할 수 있다.

믿음이라는 건 논리정연한 이성의 작동으로, 내가 선택하고 내가 받아들일 성질의 것은 아니다. 그것은 그냥 온다. 우연히 바라보게 된 저녁노을을 보며 터져나오는 탄성처럼.

때에 따라, 필요에 따라 취하고 버릴 수 있는 믿음은 진정한 믿음이 아니다. 바꿔치기가 불가능한 신념, 그것이 믿음이다.

구룡령에서 두어 시간이면 갈전곡봉(1,204m)에 닿는다. 1천 미터가 넘는 봉우리를 두 개나 넘어야 하지만 고통스러울 정도로 힘든 길은 아니다.

갈전곡봉에서는 서북쪽으로 나아가는 백두대간 줄기 말고도 동남쪽으로 튼실한 가지줄기를 뻗어내리며 가칠봉(1,240m)을 일으켜 세운다. 그런데 이 구간의 백두대간 기슭에는 유난히 약수가 많다. 가칠봉 기슭의 삼봉약수, 구룡령 전 약수산 북동쪽 기슭 미천골의 불바라기약수, 진동계곡의 물이 방태천(계속 흘러 내린천으로 이어져서 한강 물을 살찌운다)으로 흘러드는 어름에 자리잡은 방동약수, 양양에서 홍천 쪽으로 넘는 구룡령 초입의 갈천약수 등. 흔히 산 좋고 물 맑다는 우리 산천의 미덕을 고스란히 담고 있는 곳이다.

갈전곡봉에서 북서쪽으로 휘어지다가 북쪽으로 허리를 곧추세우는 백두대간은 쇠나드리를 지나 조침령, 북암령, 단목령에 이를 때까지 하염없이 울창한 수림을 헤쳐 나간다. 가끔씩 터지는 시야로 설핏 먼 산의 허리를 보여줄 뿐, 대부분의 길은 숲으로 하늘을 삼는다. 덕분에 해가 하늘의 정수리에 걸린 때에도 짙은 초록 그늘 속으로만 걸을 수 있다.

하루 종일 종아리가 쓰라릴 정도로 나뭇가지에 긁히며 수풀을 헤쳐나가노라니, 문득 '가도 가도 붉은 황톳길' 로 시작되는 한하운의 시가 떠오른다. '소록도 가는 길에' 라는 부제가 붙은 '전라도 길' 이라는 제목의 시다.

가도 가도 붉은 황톳길

숨막히는 더위뿐이더라.

낯선 친구 만나면

우리들 문둥이끼리 반갑다.

천안 삼거리를 지나도

쑤세미 같은 해는 서산에 남는데, 가도 가도 붉은 황톳길

숨막히는 더위 속으로 쩔름거리며

가는 길

신을 벗으면

버드나무 밑에서 찌까다비를 벗으면

발가락이 또 한 개 없다.

앞으로 남은 두 개의 발가락이 잘릴 때까지

가도 가도 천리 먼 전라도 길.

한하운의 길과 나의 길은 분명 다르다. 한하운의 길은 운명의 길이자 천형의 길이었지만, 나의 길은 그와 같지 않다. 약간의 몸 고생을 빼고는 아주 행복한 길이다. 그러나 기실은 나의 길 또한 내 의지와 힘으로 가는 길이 아니다. 길을 낸 앞선 걸음이나, 때때로 목을 축일 물을 베풀어 주는 하늘과 땅의 은덕 없이는 불가능할 길이다. 알게 모르게 진 빚이 태산 같다.

밤새 비가 내린다. 숲이 몸을 뒤챈다. 아침까지 계속 되던 비가 점심 나절

이 되자 멈추는 듯 하다가는 다시 뿌리기를 반복한다.

양양군 서면과 인제군 기린면을 이어주는 백두대간의 고갯길인 조침령을 지나는 대간은, 옆구리에 품듯 산동네 하나를 끼고 있다. 한때 오지의 대명사로 불렸던 진동 마을이다. 지금은 점봉산 상부댐 공사로 길이 크게 뚫렸지만 적가리골, 아침가리골, 연가리골은 아직도 때묻지 않은 원시의 생명력을 간직하고 있다.

조침령에서부터 북암령을 지나 단목령에 이르기까지 산마을과 대간의 길동무는 계속된다. 단목령 북쪽은 양양군 서면의 오가리, 남서쪽 대간 기슭은 진동계곡의 상류이자 설피밭으로 유명한 강선리다.

조침령과 북암령 사이, 댐 건설 현장의 생채기가 보여 주는 현대문명의 폭력성이 마음을 무겁게 하긴 하지만, 자연의 에너지에 흠뻑 빠질 수 있었던 즐거운 산행이었다.

2001년 6월 19일

아무리 곱게 살려고 발버둥쳐도 사람이 산다는 일은 본시 염치없는 짓이다. 한순간이라도 자연에 빚지지 않는 삶은 불가능하기 때문이다. 비록 육체적으로는 직립하고 있지만 자연에 의해 길러지고 거두어지지 않으면 아무것도 할 수 없는 존재가 바로 인간이다.

단목령 · 점봉산 · 한계령

한계령에서 동해로 뛰어들다

새벽 산길을 걷는 일은 산행의 즐거움 중에서도 으뜸이다. 이슬 머금은 수풀 사이로 곱게 걸린 산안개 속으로 부채살처럼 햇살이 스며들 때는, 몸과 마음의 매무새를 단정히 하지 않을 수 없게 된다.

여름날의 신새벽 숲은 가장 내밀한 산의 모습을 보여 준다. 타성에 젖은 눈으로는 볼 수 없었던 자연의 신비가 언뜻 맨얼굴을 드러내는 것이다. 이슬방울을 매단 거미줄도 이때만큼은 인간이 만든 그 어떤 위대한 예술 작품보다 빼어나다.

그런데 대부분의 경우 산길을 걷노라면 무수히 많은 거미줄들을 무심히 걷고 지나게 된다. 엄격히 따지면 '거미 가정'을 파괴하는 행위임이 분명하다. 과연 인간에게 그럴 권리가 있을까. 설사 불가피한 상황이라 할지라도 미안한 마음 정도는 가져야 하지 않을까. 작고 보잘것없는 것이라 하여 허투루 여기면서 반개발을 목청 높여 외치는 일은 아무래도 공허하다.

금강산의 바위 벼랑에 새겨진 부처님의 형상을 보고 읊었다는 고려 때의 선승인 백운스님(1299~1375)의 게송 한 자락이 생각난다.

"공연한 짓 벼랑 깨어 법신(法身) 상했네."

있는 그대로 부처의 현현이거늘, 공연히 형상을 만들 일이 있겠느냐는 통쾌한 일갈이다. 산 좋아한다는 사람들도 마땅히 새겨들어야 할 것 같다.

1980년대 중반부터 시작된 백두대간 종주는 산을 좋아하는 사람이라면 반드시 해야 할 일로 인식되었다. 백두대간 종주 여부를 산행 관록의 척도로 삼기도 했고, 우리 국토에 대한 최고의 애정 표현으로 여기기도 했다. 하지만 앞으로는 백두대간 종주를 했다는 사실을 숨겨야 할지도 모르겠다. 이미 백두대간에 '고속도로'가 뚫렸다는 자조의 말도 들린다. '산 좋아하는 놈이 산 망친다'는 말이 요즘처럼 실감나는 때도 없다.

최근 이루어지고 있는 한빛은행 직원들의 대규모 백두대간 종주는 무분별한 산행의 가장 볼썽사나운 사례로 기억될 것 같다. 8,200여 명의 직원들이 200~300명 단위로 무리지어 이어달리기식 종주를 하고 있는 중인데, 산이 느낄 스트레스와 훼손이 적지 않을 것임은 상식 수준에서도 짐작이 간다. 이것 말고도 못난 산행 문화는 이미 보편화된 것 같다. 쓰레기 되가져가지 않기, 기록 경기하듯이 좌우 둘러볼 겨를도 없이 후닥닥 뛰어다니기, 봉우리에만 올라서면 고함지르기 등. 무슨 일이든 경쟁적으로, 아니면 하기 싫은 숙제하듯 하는 산행이 과연 누구를 위한 것일까? 불편한 얘기는 이쯤에서 접기로 하고 점봉산을 오른다. 강원도 인제군 인제읍 귀둔리와 기린면 진동리 및 양양군 서면 오가리 사이에 위치한 점봉산(1,424m)은, 설악산 군봉의 하나로 설악산 국립공원에 포함되며 남설악으로도 불린다.

점봉산은 우선 때묻지 않은 숲의 기운이 단연 한국 최고라 해도 그리 흠잡히지 않을 산이다. 설악산의 유명세에 가려진 덕분으로 사람의 발길이 비교적 적은 점도 훼손을 줄여 주었다. 둥두렷한 육산과 우람한 바위의 조화도 점봉산의 자랑이다. 생물종 다양성에 있어서도 점봉산은 국내 최고다. 한계령풀, 모데미풀, 등대시호 등 30여 종의 법정보호식물과 하늘다람쥐, 산양, 수달 등 31종의 천연기념물이 자라고 있다.

점봉산 정상에서 바라본 설악산의 자태도 아주 빼어나다. 귀때기청봉을 비롯한 서북 주릉에서 대청을 향해 오르는 장쾌한 능선은 보기만 해도 가슴을 서늘하게 한다. 설악산의 입장에서는 그야말로 지음(知音)인 셈이다.

단목령에서 점봉산 정상까지는 반나절 거리다. 단목령을 지나 습지로 이루어진 구릉을 지나 포수막 터 못미처서 남서쪽으로 방향을 틀어 정상을 향해 키를 올린다. 우측으로 난 길을 따르면 오색온천에 닿을 수 있다. 해발 600미터에 위치한 오색온천은 우리나라의 온천 중 가장 높은 곳에 자리잡고 있다. 유황성분이 많아 피부병이나 신경통, 부인병 등에 좋다고 한다.

점봉산 정상은 간신히 뚫고 지나야 하는 수풀 우거진 능선과 달리 제법 넓은 평지와 바위로 이루어져 있다.

점봉산에서 한계령으로 내려서는 대간은 망대암산(1,236m)이라는 제법 우뚝한 산 하나를 일으켜 세운다. 그 옛날 도둑들이 망을 보던 곳이라 하여 비롯된 조망이 아름답고 시야가 넓게 열린다.

망대암산을 지나면서부터 등산로는 선명하나 만물상 바위능선은 줄을 의지하지 않을 수 없을 정도로 까다롭다. 하지만 기분좋은 긴장을 만들어 내는 바윗길은 평범한 산에서는 맛볼 수 없는 색다른 즐거움을 안긴다.

바윗길을 지나기 전에 북동쪽으로 빠지면 주전골을 둘러볼 수 있다. 옛날, 위조 엽전을 만들던 사람이 이곳을 지나는 관찰사에게 들켰다는 전설을 간직한 골짜기로, 기기묘묘한 바위가 병풍처럼 둘러쳐졌고 가을이면 단풍이 아름답기로 이름난 곳이다. 오색약수에서 한 시간 이내로 주전골의 상징인 용소폭포에 닿을 수 있을 정도로 쉽게 사람들의 발길을 허락한다. 주전골에는 또 신라의 고찰인 성국사 터가 있는데, 지금은 보물 497호로 지정된 삼층석탑만이 남아 어렴풋이 옛날을 증언하고 있다.

바위 능선을 지나 두어 시간 남짓이면 한계령에 닿는다. 우리나라 고갯길 중 가장 아름다운 곳으로 첫손 꼽히기도 하는 고개다. 가을이면 단풍으로 넋을 빼앗고 여름이면 잦은 안개로 신비감을 더해 주는 고갯길. 혹 시계가 좋은 행운을 만날 수 있다면 멀리 동해 바다에 풍덩 빠질 수도 있다.

2001년 6월 19일

설악산 대청봉에서 바라본 점봉산. 우리나라에서 가장 때가 덜 묻은 산으로 꼽히며 생물종 다양성에 있어서도 으뜸가는 산이다.

설악산 1

곱게 물드는 건 푸른 날도 곱다

달을 표현하기 위해 구름을 그린다고 했던가. 한계령(917m)도 그랬다. 고갯마루 아래를 안개로 채움으로써 설악의 봉우리들을 하늘 저 높은 곳으로 들어 올리고 있다.

그 이름만으로도 수은주가 고개를 떨구는 고개 한계령(寒溪嶺). 인제 · 원통을 지나 한계리 어름에서부터 서늘한 기운이 느껴지기 시작하더니, 하늘벽과 장수대를 지나면서부터는 염천을 무색하게 한다. 높이부터가 웬만한 산을 앞지르는데다, 동해를 지척에 두고 설악산과 점봉산을 양 옆구리에 끼고 있으니, 삼복이 한꺼번에 달려와도 기가 꺾이지 않을 수 없겠다.

이 땅의 고개 중 으뜸으로 아름다운 곳을 꼽으라면 대부분의 사람들이 한계령을 든다. 봄의 청량함과 여름의 짙푸름, 넋을 앗아갈 듯한 가을 단풍과 겨울의 강건미로 철마다 다른 모습을 보여 주기 때문이다. 거기에 더하여 날씨만

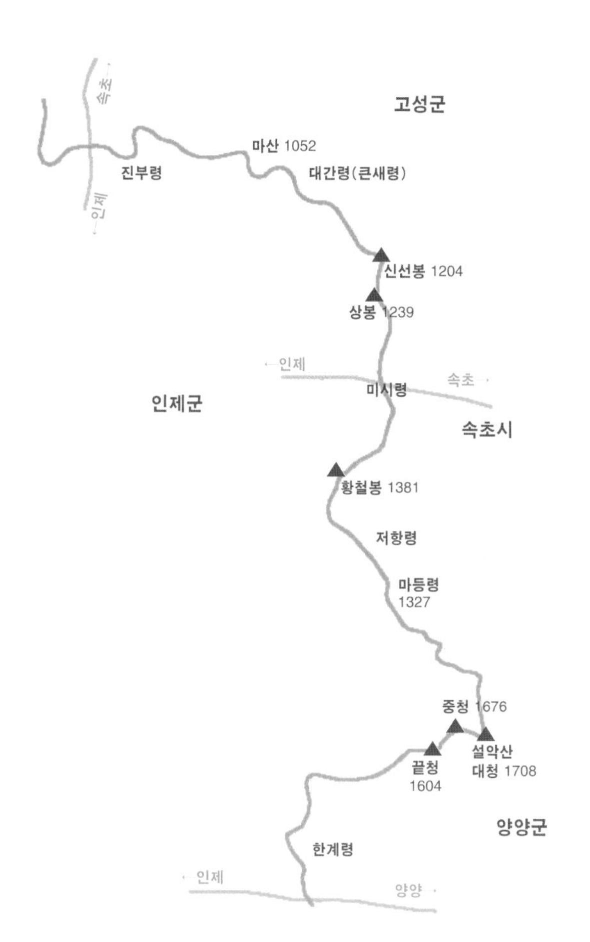

좋으면 동해 푸른 물에 눈을 적실 수 있으니 그 명성은 결코 호들갑이 아니다.

서쪽으로 강원도 인제군 북면과 동쪽으로 양양군 서면의 경계를 이루는 한계령 마루에서 설악을 오른다.

한계령 휴게소 뒤 '설악루'로 오르는 시멘트 계단으로 설악산에 든다는 사실이 그리 유쾌하지는 않다. 이름하여 108계단인데, 번뇌를 털어내는 계단이 아니라 그 자체가 번뇌 덩어리인 것 같다. 그도 그럴 것이, 점봉산의 기암과 동해를 조망하기에 가장 맞춤한 곳에 자리잡은 설악루는 한국 현대사가 만든 슬픈 얼룩의 한 부분을 이루는 김재규가 이 지역에서 군단장을 할 때 지은 것이라 한다. 큰 돌에 새겨진 그의 이름은 정으로 쪼아져 세인의 눈으로부터 비껴나 있지만 시속의 부박함만큼은 더 선명히 드러내 보인다. 하지만 설악산은 껑충 키를 올리며 번잡한 상념을 털어

내 준다.

지금 설악산은 그늘마저도 초록이다. 신갈나무, 까치박달, 거재수, 사스레나무 등 다채로운 나무들이 짙푸른 기운을 뿜어내고 있다. 특히 단풍나무는 초록의 절정을 보여 준다. 곱게 물드는 건 푸른 날들도 고운가 보다.

설악산의 풍부한 자연자원은 일찍부터 주목을 받아 1965년에 천연기념물 165호로 지정되었고, 1970년에는 국립공원으로 지정되었다. 이후 1982년에는 유네스코가 한국 유일의 생물권 보존지구로 지정하기도 했다.

설악산은 크게 세 지역으로 나뉜다. 이번 산행의 기점인 한계령 남쪽 점봉산 일대를 남설악, 백두대간의 등성마루이자 설악산의 주릉인 한계령 · 서북능선(끝청, 중청, 대청) · 공룡능선 · 저항령 · 황철봉 · 미시령을 기준으로 동쪽은 외설악 서쪽은 내설악이다. 신흥사를 비롯 비선대, 권금성, 천불동계곡이 외설악의 품에 안겨 있다. 설악산이 쉽게 곁을 주는 곳이기도 하기 때문에 관광객들이 즐겨 찾는다. 이와 달리 내설악은 가야동계곡이나 수렴동계곡, 용아장성 등 계곡과 수림 그리고 형세의 조화가 이루어 내는 산악미의 극치를 보여 준다.

흔히 산중미인으로 불리는 설악산은 저 대간의 남쪽 들머리에 자리잡은 지리산과 선명한 대조를 이룬다. 화려함으로 보자면 지리산은 시골 새악시에 가깝고, 품의 넉넉함으로 보자면 설악산은 지나치게 강팍하다. 그러나 그건 똑같이 존중되어야 할 '다름'이지 결코 우열의 차원에서 따질 문제는 아니다. 특히 설악산은 해방 후 북한 땅이었다가 한국전쟁 후 남한 땅으로 들어왔기 때문에 불과 반 세기 전까지도 많은 사람이 찾은 산은 아니었다. 금강산의 그늘에 가려 뒤늦게 진가가 밝혀진 측면도 있지만 접근이 편하지 못했기 때문이다. 다른 명산에 비해 선인들의 탐승기나 유산기가 드문 것도 그러한 연유에서일 것이다.

간단히 설악산을 지나는 대간의 등성마루를 더듬어 보자. 한계령에서 서북능선을 만나기까지는 두어 시간을 계속해 올라야 한다. 서북릉에서부터는 귀때기청봉을 뒤로하고 동진, 천천히 걸어도 반나절이면 끝청을 지나 중청에 이를 수 있다. 끝청을 지나면서는 시야가 넓게 열리기 시작하는데, 왼쪽으로 용의 어금니를 닮았다는 용아장성의 기묘한 암봉과 우리나라에서 가장 높은 곳에 자리잡은 암자인 봉정암이 모습을 드러낸다.

중청 대피소에서의 조망도 아주 빼어나다. 그 모습이 공룡과 흡사하다는 설악산의 대표적 암릉인 공룡능선, 바위 봉우리가 보여 줄 수 있는 아름다움의 극치를 이룬 천화대, 동해를 향해 내달리는 화채봉 그리고 대청봉(1,708m). "매우 높고 가파르다. 8월에 눈이 내리기 시작하여 여름이 되어야 녹는 까닭으로 설악(雪嶽)이라 이름 지었다"는 『신증동국여지승람』의 이름 유래가 이 봉우리에서 비롯됨을 알겠다.

중청에서 바라본 대청은 원만하면서도 우뚝하다. 설악산 특유의 날카로움이 없는 건 아니나, 경사면에 군더더기라고는 없어서 날카로운 느낌은 금세 담박함 뒤로 숨는다.

대청에서 희운각 대피소까지는 줄곧 허리를 낮춘다. 내리막 오른쪽은 고요가 지나쳐 '죽음'을 떠올리게 하는 이른바 '죽음의 계곡'이다.

희운각에서 신선대에 올라서면서부터는 공룡의 잔등을 타게 된다. 공룡릉을 걷게 되는 것이다. 공룡의 등허리가 어찌 호락호락할까만, 발바닥을 짜릿하게 하는 유쾌한 긴장과, 끊임없이 이어지는 설악산의 자태가 산행의 즐거움을 최고조로 끌어올린다.

공룡릉을 벗어나면 마등령, 공룡의 등에서 내려 말 등에 올라타는 셈이다. 서쪽으로 내려서면 내설악 백담계곡, 오른쪽으로 내려서면 외설악의 비선대다.

2001년7월3일

이 땅의 고개 중 으뜸으로 아름다운 곳을 꼽으라면 대부분의 사람들이 한계령을 든다. 봄의 청량함과 여름의 짙푸름, 넋을 앗아갈 듯한 가을 단풍과 겨울의 강건미로 철마다 다른 모습을 보여 주기 때문이다. 거기에 더하여 날씨만 좋으면 동해 푸른 물에 눈을 적실 수 있으니 그 명성은 결코 호들갑이 아니다.

운해에 빠진 설악.(소청에서 서북주릉 쪽으로 본 모습)

기암으로 이어진 설악산의 공룡능선. 백두대간의 마루이기도 하다.

산중미인으로 불리는 까닭을 여실히 증명해 보이는 설악산의 자태.(공룡능선에서 천불동계곡 쪽으로 본 모습)

설악산 2

반쪽 백두대간

종주

딸아이가 네 살인가 다섯 살쯤 되었을 때, 함께 밤길을 걷다가 내게 물었다.

"아빠, 별이 쏟아질 것 같애."

"그럴 일은 없을 걸."

"왜요?"

"별들은 서로를 너무 사랑하기 때문이란다. 보이지 않는 사랑의 손으로 서로를 감싸주고 있거든."

백두대간의 산들도 그랬다. 높은 산 낮은 산이 어깨를 겯고 있었다. 높은 산은 저 홀로 우뚝하지 않았고, 낮은 산이라 하여 주눅들어 하지도 않았다.

이제 지리산에서부터 백두산을 향해 오르는 남녘 백두대간의 마지막 고개인 진부령을 향한다. 몸을 낮춘 낮은 산이 높은 산을 오르는 길을 열어주지 않았더라면, 산등성이가 허리를 낮춰 고개를 열어주지 않았더라면 불가능했을 길이다.

이번 산행의 기점은 마등령(1,327m). 외설악의 비선대나 천불동계곡에서 내설악의 백담계곡을 넘나드는 길목인지라 사람들의 발길이 잦은 곳이다. 그래서인지 이곳에서는 다람쥐가 사람을 피하지 않는다. 사람들이 던져주는 음식 부스러기에 길들여진 탓이리라. 자연에 대한 인간의 간섭이 드리우는 어두운 그림자의 한 부분이다.

설악산의 때묻지 않은 옛 모습은 어땠을까. 마등령에서 서남쪽(내설악)으로 한 시간 남짓한 거리에 있는 오세암의 옛 풍정에 잠기어 본다.

구름과 물 있으니 이웃할 만하고
보리(菩提)도 잊었거니 하물며 인(仁)일 것가.
저자 멀매 송차(松茶)로 약을 대신하고
산이 깊어 고기와 새 어쩌다가 사람을 구경해.
아무 일도 없음이 참다운 고요 아니요
첫 뜻을 어기지 않는 것 진정한 새로움이거니.
비 와도 끄뜩없는 파초와 같다면
난들 티끌 속 달려가기 꺼릴 것이 있겠는가.

— 오세암(五歲庵)

설악산의 옛 모습을 한 폭의 그림으로 펼쳐 놓은 만해 한용운(1879~1944) 스님의 시다.(본디는 한시인데 원문을 생략했다. 옮긴 우리말은 이원섭 시인의 것을 그대로 썼다.)

동학혁명의 좌절을 경험한 뒤 오세암으로 출가하여 스님이 된 다음에도 대쪽 같은 기개로 일제에 맞선 만해스님의 심경이 고스란히 담긴 시다. 어떤 상황에 처해도 청정한 마음의 본바탕을 잃지만 않는다면 그곳이 곧 정토임을 일깨우는 시로 읽어도 크게 허물될 일은 아닐 성싶다.

다섯 살 난 아이가 관세음보살의 보살핌으로 부처를 이루었다는 전설을 간직한 오세암에는 또 한 명의 고결한 인간의 혼이 서려 있다. 바로 설잠 김시습(1435~1493)이다. 오세신동으로 불린 그는 세조가 왕위를 찬탈하자 속세를 등지고 이곳에 머물렀다고 한다.

마등령에서 진부령까지는 도상 거리 23km로 여유로운 산행을 위해서는 3일 정도의 시간이 필요하다. 더욱이 짓굳고도 까다로운 너덜을 자주 만나기 때문에 거리로만 소요 시간을 예상했다가는 낭패를 보기 십상이다.

마등령에서 허리를 곧추세우는 대간은 너덜(1,326.7봉 아래)을 지나면서부터 오르내리기를 반복하며 저항령(1,100m)을 향한다. 특히 저항령으로 내려서는 너덜은 반 시간 이상 시간을 잡아먹는다.

오랜 시간 동안 풍화작용으로 조각이 난 화강암 덩어리로 이루어진 너덜은 '세월의 모래시계' 다. 이런 거대한 시간의 흐름에 비춰 보면 인간의 삶이란 그야말로 하루살이에 불과하다.

황철봉(1,381m)을 지나면서 또 너덜이다. 산기슭을 흘러내리는 거대한 바위물결. 이왕이면 즐기는 자세로 바위의 파고에 몸을 실어본다. 이곳을 지나면 미시령(彌矢嶺, 826m)이 지척이다. 가쁜 숨을 토해 내는 자동차 소리가 '반갑게' 들린다. 심각한 수준의 문명 중독증이 아닐 수 없다.

미시령. 강원도 인제군 북면과 고성군 토성면을 이어주는 고갯마루로, 옛부터 백두대간의 동서를 넘나드는 중요한 교통로였다. 이곳에서 잠시 숨을 고른 백두대간은 상봉(1,239m)과 신선봉(1,204m)을 일으켜 세운다.

미시령을 지난 백두대간의 등성마루는 지금, 늦은 여름과 이른 가을이 자리바꿈을 준비하고 있다. 꽃며느리밥풀과 같은 여름 들꽃이 지천인데, 드문드문 쑥부쟁이와 구절초가 수줍은 웃음을 피워 올리고 있다.

미시령에서 10여 분쯤 지나면 통신 중계탑이 나온다. 이곳에서는 잠시 몸을 돌려 세워야 한다. 남쪽으로는 황철봉이 손을 뻗으면 닿을 듯하고, 동으로는 울산바위가 빼어난 눈맛을 선사한다.

다시 북쪽으로 걸음을 옮기면 상봉 아래 샘터. 물봉선에 눈인사 건넨 다음, 물 한 모금 마시고 나면 상봉이 살갑게 다가선다. 상봉 암릉지대를 비껴돌아 화암재로 살짝 내려앉았다 키를 올리면 신선봉. 두어 시간 더 진행하면 대간령(630m).

이곳에서부터 마산(1,052m)을 향하는 백두대간은 서북에서 남, 다시 북으로 심하게 휘어돈다.

마산 정상에 서서 남녘 백두대간 종주의 마지막을 실감한다. 흘리 쪽 알프스 스키장이 눈 아래로 펼쳐지고, 진부령(529m) 너머 향로봉이 시선을 허공으로 띄워 올린다. 금강산이 지척이건만, 아직도 현재진행형인 분단의 비극은, 한달음이면 될 물리적 거리를 아득히 벌려 놓고 있다.

알프스 스키장에서 진부령으로 향하는 포장 길을 버리고 희미한 대간 능선을 더듬어 진부령에 선다. 향로봉에 걸린 향불 연기를 대신한 구름에, 반쪽짜리 백두대간 종주를 마치는 착잡한 심사를 가탁한다.

2001년 8월 20일

미시령에서 진부령을 향하는 백두대간.

외설악 천불동. 뾰족한 바위 봉우리가 보여줄 수 있는 아름다움의 극치.

향로봉

구름을

향불 연기삼아

향로봉에 올라 금강산의 정수리인 비로봉을 바라본다. 아무것도 보이지 않는다. 보이는 것이라고는 짙은 안개뿐이다. 워낙 일기 변화가 심한 곳이어서 미리부터 실망 연습을 해 왔던 터였으므로 오히려 담담하다.

비로봉. 금강산의 기기묘묘한 바위 봉우리들을 달리 이를 말이 없어 1만 2천이라 했을 것이고, 그 숫자 아닌 숫자의 궁극을 비로봉이라 했으니 예사로운 이름은 아니다. 비로(毗盧) 곧 법신(法身)을 일컬음이니, 오늘의 안개는 필시 형상으로는 부처를 볼 수 없음을 일깨우는 법문이 아닌가 싶다.

저기 어딘가 비로봉을 앞에 둔 촛대봉이 있을 것이다. 그리고 촛대봉을 앞에 둔 향로봉은 이름 그대로 구름을 향불 연기삼고 있다. 어차피 분단의 장벽 너머이고, 봄〔見〕이 함〔行〕만 못한 바에야, 훗날을 기약함에 있어 이 정도의 아쉬움은 있어 약일 것 같다. 그러고 보니 이것도 인연인 것 같다. 백두대간 종주

첫날, 지리산 천왕봉도 그러했다. 그때도 지리산의 짙은 안개는 아무것도 보여 주지 않았다. 역설적이게도 그 때문에 더 많은 걸 느낄 수 있었다.

안개 너머 북쪽 끝 백두산에서부터 지리산으로 흘러내리며 이 땅의 근간을 이루는 백두대간의 실체를 더듬어 본다.

백두산에서 출발하여 지리산에 이르기까지 끊임없이 이어지는 이 땅의 으뜸되는 산줄기 백두대간. 그 길이는 대략 1,625km(지도상 거리). 금강산, 설악산, 오대산, 소백산, 속리산, 덕유산과 같은 명산들의 거처가 바로 백두대간이다. 또한 백두대간은 1개의 정간과 13개의 정맥을 가지치고 있으니, 실로 이 땅의 모든 산과 강은 백두대간에서 비롯된다.

우리 땅의 형세를 분절의 개념이 아니라 연속적인 흐름으로 인식한 것은, 신라 말 후삼국의 격변기의 대선사이자 한국 풍수의 비조로 불리우는 도선스님에서부터다. 『고려사』에는 다음과 같이 도선 스님의 저술을 인용하고 있다.

"우리나라는 백두산에서 시작되어 지리산에서 끝나는데, 그 지세(地勢)의 본 뿌리는 수(水)요 줄기는 목(木)이라."

위 인용문의 핵심은 '수모목간(水母木幹)' 이다. 백두산(천지, 水)에 뿌리를 두고 지리산으로 뻗어나가는 한 그루 커다란 나무의 형국이 우리 땅의 실체라는 것이다.

산은 솟아올라 강을 이루고, 산줄기는 그 강의 울타리 구실을 하며 우리네 삶의 터전을 마련해 준다. 산줄기를 기준으로 기후와 문화가 갈리는 것도 지극히 자연스러운 일이다. 쉬운 예로 영남, 영동, 영서 따위의 지역 구분이 모두 백두대간의 등성마루를 기준삼은 것이다.

또한 백두대간은 우리나라 생태계의 중심축이자 보고이다. 녹색연합이 1999년에 발표한 남녘 백두대간 자연생태계 조사 보고서에 따르면, 한국특산식물(고유종) 407종 가운데 109종, 환경부와 산림청 임업연구원에서 지정 고시한 보호식물 가운데 각각 10종, 56종이 자생하고 있는 등 백두대간 능선 일대에는 총 120과 1,326종의 식물이 있는 것으로 확인됐다. 이에 비해 동물의 생태는 아주 빈약하다.

이를 전문가들은 신체는 큰데 체력은 허약한 사람에 빗대기도 한다. 실제로 간혹 흔적이 발견되는 반달가슴곰은 멸종 위기에 놓였고 여우나 늑대 같은 동물은 거의 멸종한 것으로 보인다. 그러나 아직도 산양, 산양노루, 하늘다람쥐와 같은 희귀 보호 동물들은 백두대간 일대를 중심으로 생명을 이어가고 있다.

백두대간은 우리네 삶과 생태계의 근간이다. 그런데 지금 백두대간은 무분별한 개발의 상처로 심하게 앓고 있다. 역시 녹색연합의 보고서에 의하면, 1998년 현재 93개의 도로가 백두대간을 가로지르며 생태계의 단절을 가속화하고 있다. 특히 추풍령 지나 금산이나 백봉령 너머 자병산 같은 곳은 송두리째 파헤쳐져 인간의 끝모를 탐욕을 증언하고 있다.

사정이 이렇다 보니, 도상거리 640km, 실거리 1,200km에 6개의 도와 12개 시, 18개 군에 걸쳐 있는 남녘 백두대간의 품에 온전히 안겨 보았다는 기쁨에 취해 보는 일도 조금은 송구스럽다.

2년이 넘는 시간을 백두대간 속에서 보냈다. 백두대간을 제대로 알기 위한 준비 정도는 된 것 같다.

2001년 8월 26일

덧붙임

백두대간이란

하늘로 오르는 한 길이 있으니, 이름하여 백두대간이다. 또한 그 길은 세상 가장 낮은 곳으로 내려서는 길이기도 하다. 솟구치며 물을 풀어 놓는 까닭이다. 그리고 그 물은 온 땅을 적시며 뭇 생명을 길러낸다. 사람 또한 그 길을 오르내리며 삶을 엮어간다. 산에 등 기대고 강물에 발 적시며 살아가는 것이다.

산을 오르는 모든 길은 오름과 내림의 연속이다. 아무리 높은 산이라 할지라도 저 홀로 곧추선 게 아니기 때문이다. 크고 작은 수많은 봉우리들이 어깨를 겯고 앞서거니 뒤서거니 하면서 하나의 산을 이루는 것이다. 따라서 등산과 하산은 동의어이기도 하다.

백두대간 또한 크고 작은 산들로 이어지는 이 땅의 으뜸되는 산줄기이다. 백두산에서 출발하여 지리산에 이르기까지 끊임없이 이어지는(도상 거리 약 1,625km) 이 땅의 등뼈를 이루는 산줄기, 그것이 바로 백두대간이다. 지극히 당연하게도 금강산, 설악산, 점봉산, 오대산, 태백산, 소백산, 속리산, 덕유산과 같은 대부분의 명산들이 자리하고 있음은 물론이다.

또한 백두대간은, 두류산 조금 못미처서부터 동해 맨 꼭대기의 서수라에 이르는 장백정간을 추켜올리고는, 줄곧 남으로 내달리다 매봉산에서 몸을 틀어 서남쪽을 향하다 속리산을 부려 놓고, 다시 남으로 지리산에 이르는 동안 13개의 정맥을 펼쳐 놓는다. 정맥과 정맥 사이로는 이른바 10대 강을 품에 안는다. 한강 수계니 낙동강 수계니 하는 것이 바로 그것이다. 우리네 삶이 강줄기를 터전삼고 산줄기를 울타리로 삼을 수밖에 없음이 이로써 분명해진다.

문화권이라는 것도 그렇다. 인위적인 행정 구역이나 산맥 개념의 추상적인 지리 공간에 의해 모둠지어지는 것이 아니라 산줄기에 의해 결정된다. 영남 지역이라 함은 새재의 이남을 말하며, 영서라 하면 대관령의 서쪽을 일컫는다.

이렇듯 우리의 산과 강은 뼈와 살의 구조를 이룬다. 산이 체(體)라면 강은 용(用)이다. 바로 이러한 지리 인식이 산경(山經)의 원리인데, 그 내용은 지극히 간단하다. 산자분수령(山自分水嶺). 산이 물을 가른다는 것이다. 당연히 물은 산을 넘을 수 없다. 또한 이 말 속에는 산 또한 물을 건너지 않는다는 의미가 내포되어 있다. 고산자 김정호가 「대동여지전도」의 발문에서 밝힌 이 원리는 우리네 전통 지리학의 핵심 원리이다. 바로 이러한 원리에 의해 산경, 즉 끊임없이 이어지는 산줄기를 정리한 책이 『산경표』(우리나라의 산줄기를 족보식으로 정리한 책으로 편찬자는 분명하지 않다. 18세기 중반 이후에 나온 것으로 추정한다)인데, 그것의 실제 모습이 바로 1대간 1정간 13정맥이다. 이로써 우리는 제 손바닥의 손금 들여다보듯 우리 땅의 실체를 육친적으로 이해할 수 있게 된다.

이러한 대간과 정맥이 다시 우리에게 모습을 드러낸 것은 1980년대 초다. 이우형이라는 한 지도 연구가에게 인사동의 고서방에서 먼지를 뒤집어 쓰고 있던 『산경표』가 얼굴을 내민 것이다. 그후, 박용수나 조석필과 같은 사람들의 열정적인 노력이 등산 전문지인 「사람과 산」이라는 멍석을 만남으로써, 산맥이라는 남(일제)이 만들어 준 도수 맞지 않는 안경을 벗어던지고 우리의 눈으로 우리의 산천을 바로 볼 수 있게 된다. 이 책 또한 이러한 분들의 노력에 힘입은 바 크다.

이미 다 아는 얘기지만 산경의 원리는 18세기에 집성된 조선의 지리학적 성취다. 하지만 그 뿌리는 신라로 거슬러 올라가며 고려로 이어진다. 다음의 인용문은 『고려사』의 한 부분으로, 공민왕 6년(1357), 사천 소감 우필흥(于必興)이 왕에게 올리는 글의 일부분이다.

"옥룡기(玉龍記)에 이르기를 우리나라는 백두산에서 시작되어 지리산에서 끝나는데, 그 지세(地勢)의 뿌리는 수(水)요 줄기는 목(木)이라 (司天少監于必興上書言玉龍記云我國始于白頭終于智異其勢水根木幹 .번역은 북한 사회과학원의 것임)."

위의 글에서 「옥룡기(玉龍記)」라 함은 옥룡비기 또는 옥룡비결 등으로 불리는 도선(道詵, 827~898) 스님의 비결서를 가리킨다. 도선스님이 누구인가. 동리산문의 선풍을 이어 옥룡산문을 연, 신라 말 후삼국 격변기의 대선사이자 한국 풍수의 비조다. 물론 도선의 국토관이 지금 우리가 말하는 백두대간의 개념들과 정확히 일치하는 것은 아닐 것이다. 하지만 우리 땅 전체를 분절이 아니라 끊임없이 이어진 하나의 줄기로 파악한 지리 인식은 일치한다. 그만큼 연원이 깊은 국토관의 산물이 바로 백두대간이라는 얘기다.

이러한 우리 땅에 대한 인식은 『택리지』로 알려진 이중환(1690~1752)에 의해 학문적으로 체계화되고, 이것이 후대로 계승되어 신경준(1712~1781)의 『산수고(山水考)』, 정약용(1762~1836)의 『대동수경(大東水經)』 등 자연지리서를 낳고, 정상기(1678~1752)의 「동국지도」를 이어 김정호(생몰 미상, 1800~1864년 사이로 추정)의 「대동여지도」로 꽃핀다. 우리는 이러한 조선 후기의 지리학적 성과가 실학이라는 당시의 실천적 학문 토양에서 집성되었다는 사실에도 주목할 필요가 있다. 지금 우리 사회의 현실이 조선 후기의 시대 상황을 거울삼을 필요가 있다는 말이다. 또한 김정호보다 1세기나 앞선 정상기의 「동국지도」에 이미 모든 산들이 개별적이 아니라 이어진 맥으로 그려졌다는 사실도 똑똑히 기억해 둘 대목이다.

백두대간은 이론으로 포착한 지리 인식의 결과가 아니다. 우리 삶의 구체적 터전인 산과 물의 관계가 빚어낸 우리 땅의 실체에 대한 육친적 발견의 산물이다. 따라서 백두대간을 이해하는 일은 우리의 삶과 문화를 이해하는 일이다. 한 걸음 더 나아간면 우리네 이웃과 이웃의 유기적인 관계에 대한 성찰이기도 하다. 하루 빨리 우리 땅의 실체와는 동떨어진 산맥이라는 색안경을 벗게 되기를 빌어 본다.